数据中心基础设施维护规程

中国通信企业协会通信网络运营专业委员会　编著

電子工業出版社
Publishing House of Electronics Industry
北京•BEIJING

内 容 简 介

本书重点介绍了基础设施运维概念以及如何进行规范操作，实用性高，可操作性强。主要内容如下。第1章总则部分，定义了规程中用到的术语、编写原则、适用范围。第2章对数据中心运维组织、人员、基本制度、运维流程进行了描述。第3～9章重点描述了高低压变配电系统、发电机组、UPS、直流系统、蓄电池组、冷水型制冷系统、直接膨胀式空调、新风自然冷系统、普通空调、制冷自控系统 BA、动力环境监控系统、防雷接地系统、综合布线、安防系统和消防系统的维护技术和维护周期要求。

本书旨在指导、规范和帮助数据中心的业主和用户提升运营维护的质量和效率，降低运营维护成本，提高经济效益。本书适用于政府、公共事业、金融、互联网、基础电信运营企业等数据中心基础设施的运维管理人员阅读。

图书在版编目（CIP）数据

数据中心基础设施维护规程 / 中国通信企业协会通信网络运营专业委员会编著．—北京：电子工业出版社，2016.11

ISBN 978-7-121-30052-3

Ⅰ. ①数…　Ⅱ. ①中…　Ⅲ. ①机房—基础设施—维护—技术规范　Ⅳ. ①TP308-65

中国版本图书馆 CIP 数据核字（2016）第 242112 号

策划编辑：吴长莘
责任编辑：董亚峰　　特约编辑：刘广钦　刘红涛
印　　刷：三河市双峰印刷装订有限公司
装　　订：三河市双峰印刷装订有限公司
出版发行：电子工业出版社
　　　　　北京市海淀区万寿路 173 信箱　邮编 100036
开　　本：787×980　1/16　印张：13.5　字数：240 千字
版　　次：2016 年 11 月第 1 版
印　　次：2016 年 11 月第 1 次印刷
定　　价：78.00 元

凡所购买电子工业出版社图书有缺损问题，请向购买书店调换。若书店售缺，请与本社发行部联系，联系及邮购电话：（010）88254888，88258888。

质量投诉请发邮件至 zlts@phei.com.cn，盗版侵权举报请发邮件至 dbqq@phei.com.cn。

本书咨询联系方式：（010）88254750。

《数据中心基础设施维护规程》编委会

北京电信规划设计院有限公司
北京动力源股份有限公司
北京京东叁佰陆拾度电子商务有限公司
北京天云动力科技有限公司
北京锡岳伟业科技有限公司
北京英沣特能源技术有限公司
北京中冷通质量认证中心有限公司
北京中纳机电设备有限公司
大连斯频德环境设备有限公司
格兰富水泵（上海）有限公司
工业和信息化部电子第五研究所
广东夏龙通信有限公司
国机集团江苏苏美达机电有限公司
河北四方通信设备有限公司
河南仕佳光子科技股份有限公司
华为技术有限公司
华信咨询设计研究院有限公司
江苏亨通光网科技有限公司
江苏通鼎宽带有限公司
捷联克莱门特制冷集团
开利空调销售服务（上海）有限公司
康明斯（中国）投资有限公司
浪潮集团有限公司
南京华脉科技股份有限公司
南京佳力图空调机电有限公司
普天通信股份有限公司
润建通信股份有限公司
山东圣阳电源股份有限公司
深圳市中电通科技实业有限公司
施耐德电气（中国）有限公司

双登集团股份有限公司
香江科技股份有限公司
云创数据投资有限公司
浙江南都电源动力股份有限公司
浙江信达可恩消防实业有限责任公司
中国电信股份有限公司深圳市分公司接入维护中心
中国电子节能技术协会数据中心节能技术委员会
中国联合网络通信有限公司深圳市分公司
中国配线产业联盟
中国通信建设集团设计院有限公司
中国移动通信集团设计院有限公司
中国制冷空调工业协会
中塔新兴通讯技术集团有限公司
中兴通讯股份有限公司
珠海铨高机电设备有限公司

翁金瑞　王　路　许伟杰　艾兴华　王　平　王　振
王月红　吴铁刚　祁　征
参　编：刘　芳　蔡　宇　陈　实　陈汉洲　陈可中　陈容昌
费开荣　廖革文　刘　伟　刘　炜　马　德　乔文彩
谭　亮　王　景　王爱荣　吴继斌　袁　祎　曾大庆
张　霞　赵长煦　邹元霖

序1

“十三五”规划明确提出实施网络强国战略，包括实施“互联网+”行动计划，大数据战略等，大力推动了云计算、大数据、移动互联网、物联网的发展，以信息流带动技术流、资金流、人才流、物资流，带动全社会兴起创新创业热潮。智慧交通、智慧医疗、智慧教育、智慧社区、智慧农业等智慧城市领域的信息化项目大规模实施，加大了云存储、云计算等云平台的应用范围。

随着信息社会发展，以云计算、大数据等为主要载体的新型数据中心应运而生，全国各地涌现出数以千计大大小小、形态各异的数据中心。与传统的通信载体相比，数据中心，尤其是特大型数据中心，无论是规模、容量，还是占地、能耗，都是信息通信领域的巨无霸，它连接着千家万户，与政府的行政决策、百姓的工作生活息息相关。数据中心是否能够安全、稳定、可靠运行，关系到百姓生活、关系到公司运营、甚至关系到社会稳定。

目前，我国的数据中心仍处在建设的高峰期，数据中心正朝着规模化、高密度化、集约化、绿色化、智能化、自动化发展。一方面大量新建的数据中心陆续投入运营，另一方面具备维护新技术新设备的能力的技术人员十分缺乏，同时，业内对数据中心基础设施维护规程、维护方法、维护指标、维护周期缺乏统一认识和规范标准。建立一支训练有素、技能全面、维护规范、管理严格、标准统一的数据中心运维团队是保障数据中心安全、稳定、可靠运行的必不可少的任务。

《数据中心基础设施维护规程》汇集了业内数据中心维护专家们的多年实践经验，从数据中心的组织建设、人员要求、管理制度、运维流程制度建设，到供电、制冷、监控、消防、安防、综合布线等具体操作规范指导，编写了一本完整的数据中心基础设施维护规程。该规程具有前瞻性、可操作性、实用性，是一本非常重要的数据中心基础设施维护指导用书。该规程的出版发行，将大大推动我国数据中心基础设施整体维护管理水平的提高，从而推动我国以云计算和大数据为代表的新一代信息技术的发展。

近日，中央网信办发布了“关于加强国家网络安全标准化工作的若干意见”，要求推进急需重点标准制定，围绕国家发展战略需求，加快开展相关标准研究和制定工作，本书所提出的“数据中心基础设施维护规程”正属于这一范畴。可以预计，这一规程对规范数据中心运维，保障数据中心长期安全运行将发挥重要作用。希望各行各业在数据中心运维工作中能贯彻实施这一规程，并在实施中使其不断发展完善，为保障国家网络安全作出贡献。

倪光南

2016年9月

序 2

数据中心的 Tier 标准：Uptime Institute 在 20 世纪 90 年代末期公布了 Tier 的分级拓扑（Topology）标准，通过 Tier I 至 IV 的标记系统以用来表示数据中心的物理基础设施的可用性。此标准自问世以来，已在 200 多个国家被下载，并被广泛地应用在世界各地的数据中心的设计之中。Tier I 至 IV 已被证明是一个非常成功且实用的标准，原因之一是它有助于确保当一个或多个数据中心被指定为提供业务所需时，设计团队可经由理解而建造其所需要的数据中心类型。

从前，有人会说：我想要个数据中心。而有人会转过身来说：我将为你建数据中心。但是并没有多说他们是否在谈论着同样的设施。我常在一些场合里说：一个数据中心的生命周期，在设计建置阶段可短至数月也可长到一至二年，但其运营却长达十年或十几年。因此设计符合营运目标及维运需求的数据中心才是 Tier 标准的精神所在。

2015 年 Uptime Institute 的调查数据显示：有一半左右的企业 IT 组织在过去 12 个月期间经历过他们自己数据中心影响业务的停机的事件。2016 年，Uptime Institute 的调查数据显示，又有近 1/3 的企业 IT 组织在前 12 个月内曾经历过主机托管提供商的服务中断的情况。对这些事件一般问责都指向操作员的人为错误。这种说法可能涵盖了程序的错误和资源的缺乏，或欠缺管理及不善决定。而且这些责任都是落到操作人员在未能及时救援成功的情况下的。

其实大多数情况下，失败可以归因于高级管理层的决定（例如：设计妥协、预算削减、裁减工作人员、供应商选择及资源的分配），其可追溯至事件发生之前的时间和空间的，比如：是什么决定导致前线操作人员没有充分的准备或未受过足够的训练，因此对事件的反应作出处理不当的情况？

随着所有业务职能部门对数据需求的不断提高，如今的数据中心的 IT 和基础设施利益相关者持续面临巨大的压力，在实现价值的同时还要维护成本和效率。Management & Operations（M&O）的认证是可以提供相关指导和框架的，也是推动实施数据中心有效的管理和运营的最佳实践。

数据中心管理及运营准则应是对内部所有小组、部门的文化和实践中都适用的。应该阐明关于人员配置、组织和培训实践、预防性维护方案、运营条件，以及计划、管理和协调实践和资源的情况。这一切不仅是针对数据中心操作团队，也应包含服务供应商和领导层所应负责的事务，并为其提供有用的参考信息。

今天在中国数据中心市场，欣见中国通信企业协会通信网络运营专业委员会，即将发行针对数据中心管理和运营的书——《数据中心基础设施维护规程》，期待本书能带给广大的数据中心业内同仁诸多帮助。

胡嘉庆

北亚区董事总监

2016 年 9 月

前 言

随着宽带中国、大数据、云计算等技术的快速发展，以及“互联网+”国家战略的稳步推行，各行各业对数据的计算、存储、传输、应用等需求快速增长。数据中心的发展呈现出重要性高、规模大、部署要求快、架构复杂、能耗高等特点。为提升数据中心基础设施整体运维管理水平，指导运维工作在体系、人员、流程、技术等多方面的有效开展，更好地为用户服务，特制定本规程。

中国通信企业协会通信网络运营专业委员会在广泛征求数据中心建设、运营维护和使用等各方的意见基础上，组织互联网公司、基础电信运营企业、运营维护服务企业、维护服务支撑企业、规划设计研究院所等单位，在归纳总结国内外数据中心运营维护实践经验的基础上，联合编写《数据中心基础设施维护规程》（以下简称“规程”）。规程简明扼要、切合实际，具有较强的实用性和可操作性。

本规程的第 1 章总则部分，定义了规程中用到的术语、编写原则、适用范围。第 2 章对数据中心运维组织、人员、基本制度、运维流程进行了描述。第 1、2 章主要是规定了数据中心基础设施维护管理要求，适用于数据中心基础设施维护的全体人员使用，特别是管理人员使用。第 3～8 章重点描述了高低压变配电系统、发电机组、UPS、直流系统、蓄电池组、冷水型制冷系统、直接膨胀式空调、新风自然冷系统、普通空调、制冷自控系统 BA、动环监控系统、防雷接地系统、综合布线的维护技术和维护周期要求，主要适用于指导数据中心基础设施专业人员维护使用。第 9 章安防系统和消防系统，主要描述了数据中心消防安全管理，适用于数据中心消防安全管理人员。本规程同时也配套提供运维管理软件，协助实现上述流程的自动化开发和场地运维的自动化管理。

本规程旨在指导、规范和帮助数据中心的业主、用户提升运营维护的质量和效率，降低运营维护成本，提高经济效益。

本规程适用于政府、公用事业、金融、互联网、基础电信运营企业等数据中心基础设施的运维管理。

在本规程使用过程中，如有需要补充和修改的内容，请与中国通信企业协会通信网络运维专业委员会联系。

中国通信企业协会通信网络运维专业委员会

2016 年 9 月

推荐语

这些年，我国在新一代云数据中心规划、建设与运维方面，实时追踪国际最新技术，与国际一流标准接轨，以满足我国高速发展的信息通信新业态的需求。运维工作是数据中心生命周期中历时最长的阶段，是提供各类业务和服务的基础，是实现安全可靠、高效和低成本运营的关键。本书针对基础设施日常运维管理需遵循的标准规范进行重点解读，从规程角度提出了实践方法和参考模型，对当下培养运维工程师精益求精、严谨专注的"工匠"精神具有重要意义。

——焦刚　联通云数据有限公司总经理、中国数据中心产业发展联盟轮值主席

随着数据中心向大规模、集成化、智能化方向发展，数据中心的基础设施维护已与传统动力系统的电源和空调维护有很大的区别。这本数据中心基础设施维护规程很好地将传统的电源和空调维护与大型数据中心的动力和环境维护相结合，规范了数据中心维护人员的维护流程、内容和标准，有很强的现场维护指导意义。另外，本规程既涵盖了数据中心运维管理的体系要求，又涵盖了从系统到设备层面的详细运维技术要求，建议可作为运维管理、运维操作等各类相关人员的培训教材使用。

——吴湘东　中国电信股份有限公司云计算分公司总经理

随着数据中心的容量增加、规模扩大及新型设备与新技术的不断引入，数据中心运行与维护的难度也在不断增加。确保数据中心的可靠运行、降低数据中心的能耗与运维成本始终是运维人员的目标。本规程从最基础的每个系统的每个设备、每个设备的每个维护项目，每个维护项目的维护标准、周期等都有科学、细致的阐述，具体的维护操作人员可以直接拿来借鉴并加以运用，对提升运维人员技能、提高整个数据中心行业运行维护水平会有很大的推动作用。

——朱华　腾讯 IDC 平台技术发展中心总监

数据中心是未来信息社会的基石，而数据中心的运营则是其敏锐的大脑。云计算时代的到来，更快推动了IT向DT时代的转变，今天的数据中心不再像从前那样小而美，而是更大规模，更高效率，更深地与业务融合。基础设施的运营工作，从面向IT服务，转而向面向互联网/云计算/大数据服务，阿里巴巴的郭先生等优秀工程师们，在长时间工作实践中积累了大量实践经验和方法论提升，他们参与了这本书的撰写，很好地揭示出这种变化，如何运营和管理好一个大型数据中心，本书中的最佳实践供您借鉴与思考。

——曲海峰　阿里巴巴基础架构事业群研究员 IDC事业部总经理

随着数据中心建设的蓬勃发展，数据中心运维越来越得到行业的重视。设计、建造一个完善的数据中心，只是数据中心可持续运行的第一步。在数据中心全生命周期中，数据中心运维管理是数据中心生命周期中最关键、最重要也是效率最明显、历时最长的一个阶段。《数据中心基础设施维护规程》比较全面地介绍了数据中心基础设施的运维体系，系统阐述了基础设施运维的制度，流程以及维护的内容、步骤、操作规范。为数据中心运维实践提供了一个客观、严谨、可量化的参考规范。本书既有理论依据,又有实际的操作指导,实用性强,对于降低运维成本、提高运维效率、提升运维质量和增进客户满意度都有重要的指导意义和参考价值。

——孙晓春　中国移动国际信息港副总经理

吕　珂　中国移动国际信息港数据中心管理处经理

此书全面而具体，涵盖了数据中心基础设施的各个专业，能够指导基础设施运维的各个环节，是一本非常好的指南，可以帮助数据中心管理者大大提升运维的标准化、规范化程度，值得好好深读。

——李志成　招商银行总行数据中心技术专家

数据中心基础设施的运维管理重点体现在预防性维护，应重视细节管理，把细节落到实处。运维管理需要建立一个严密的运维管理体系，清晰的运维流程和可行的运维计划。《数据中心基础设施维护规程》比较全面、系统地介绍了数据中心基础设施的运维制度和流程，对基础设施各个子系统及其辅助配套设备的维护要点、维护内容、维护周期做了细致的描述，定义了具体的维护标准，这点上尤为难得。特别是在自控、动环、安防和消防方面，都做了比较详尽的描述，这是目前市场上较为欠缺的。常用工具仪表章节，贴合现场需求，清单拈来即可使用。可以说，本书中所包含的方方面面，都为广大数据中心运维从业者提供了一个很好的总结。实用性强、内容详实，对于提高国内数据中心基础设施维护水平、增强运行维护安全有着重要的帮助和指导意义。

——丰刚明 中国证券期货业南方信息中心基础设施工程部&数据中心管理部总监

目　录

第 1 章

总 则

术语/任务和要求/编写原则/维护界面/适用范围

1.1 术语

数据中心基础设施：包括供配电系统、空调与制冷系统、制冷自控（BA）系统、动环监控系统、防雷接地系统、综合布线、安防消防及安全防护。

供配电系统：包括供电设备与供电路由。供电设备包括高低压成套柜、变压器、发电机组、UPS、高压直流、蓄电池组、列头柜等；供电路由包括高低压供电线缆及母排。

空调与制冷系统：包括制冷设备与制冷回路。制冷设备包括冷水机组、冷冻水机房空调、蓄冷设备、冷却塔、水泵、热交换设备、直膨式机房空调、新风设备等。制冷回路包括冷冻水管道、冷却水管道、水处理设备、定压补水装置、阀门仪表、气流组织等。

动环监控系统：包括监控硬件与监控软件。监控硬件包括服务器硬件、传输网络、采集单元、传感器变送器、智能设备等。监控软件包括数据库软件、系统软件等。

制冷自控（BA）系统：包括软件、系统服务器、监控主机、配套设备、网络传输设备、计算机监控网络、DDC 控制器及前端点位采集设备。

防雷接地系统：包括外部防雷装置和内部防雷装置。外部防雷装置主要用于防护直击雷，主要包括接闪器、引下线、接地系统等。内部防雷装置主要用于减小和防止雷电流产生的电磁危害，包括等电位连接系统、接地系统、屏蔽系统、SPD 等。

安防系统：包括视频监控系统、出入口控制系统、入侵报警系统、电子巡更系统等。

消防系统：包括早期报警系统、火灾自动报警系统、水/气体灭火系统、消防联动控制系统等。

服务等级协议（SLA）：服务提供商和客户之间签署的描述服务范围和约定服务级别的协议。

日常巡视：定期对机房环境及设备进行巡视检查，以确认环境和设备处于正常工作状态，开展方式一般为目测。

例行维护：定期对机房环境及设备进行的维护工作，以防止设备在运行过程中出现故障。

预防性维护：有计划地对设备进行深度维护或易损件更换，包括定期维护保养、定期使用检查、定期功能检测等几种类型；让设备处于一个常新的工作状态，降低设备出现故障的概率。

预测性维护：通过各种测试手段进行数据采集及分析，判断设备的劣化趋势、预测可能发生的潜在威胁，并提出相应的防范措施。

标准操作流程（SOP）：SOP 是将某一项工作的标准操作步骤和要求以统一的格式描述出来，用来指导和规范日常的运维工作。

维护操作流程（MOP）：MOP 用于规范和明确数据中心基础设施运维工作中各项设施的维护保养审批流程、操作步骤。

应急操作流程（EOP）：EOP 用于规范应急操作过程中的流程及操作步骤。确保运维人员可以迅速启动，确保有序、有效地组织实施各项应对措施。

场地配置流程（SCP）：动态管理数据中心基础设施系统与设备的运行配置。

事件管理：事件是指较大的、对数据中心运行会产生一定影响的事情，故障属于事件的一种。事件管理是指识别事件、确定支持资源、快速解决事件的过程。事件管理的目的是在出现事件时尽可能快地恢复正常运行，把对业务的影响降为最低，确保服务质量满足 SLA 要求。如果事件原因暂时未找到，则该事件升级为问题管理，通过问题管理的方式追踪根本原因。

问题管理：问题是指未确定根本原因的事件。问题管理是以解决问题为导向，识别问题、分析问题、处理问题的过程。问题管理的目的是找出事件的根本原因，并通过变更管理来进行纠正，防止此类事件的再次发生。

变更管理：变更是指与运行和维护相关的改变和变动。变更管理是分析变更的必要性和合理性，从而在最短的时间内完成变更的管理过程。变更管理的目的是确保以受控的方式去评估、批准、实施所有变更。

三遥是指遥测、遥信、遥控。

- **遥测：**远程对模拟量信号进行测量，如温湿度、电压、电流等模拟量测量。
- **遥信：**远程对开关量信号进行检测，如门磁、红外、烟感等开关量检测。
- **遥控：**远程对开关量或模拟量进行控制操作，如远程开关灯、调整空调温度等操作。

关键运行指标：

（1）平均故障修复时间（MTTR）：MTTR 是指可修复产品的平均修复时间，就是从出现故障到修复中间的这段时间。MTTR 越短，表示易恢复性越好。

（2）平均无故障时间（MTBF）：MTBF 是衡量一个产品的可靠性的指标，体现产品在规定时间内保持功能的一种能力。具体来说，是指相邻两次故障之间的平均工作时间，也称为平均故障间隔。

（3）可用性：可用性是指在所有要求的外部资源得到满足的情况下，数据中心在规定的时刻或规定的时间段内处于能执行要求的功能状态的能力。它是衡量数据中心等级、运维水平的重要指标。可用性指标的计算如下：

可用性=MTBF/(MTBF+MTTR）

（4）PUE 值：PUE 是评价数据中心电能使用效率的指标，为数据中心总电能消耗与数据中心信息设备电能消耗之间的比值，数据中心电能使用效率（PUE）按如下公式计算：

$$\text{数据中心电能使用效率(PUE)}=E_{\mathrm{Total}}/E_{\mathrm{IT}}$$

式中，

E_{Total}——数据中心总电能消耗，单位为千瓦时（kWh）；

E_{IT}——数据中心信息设备电能消耗，单位为千瓦时（kWh）。

（5）WUE 值：WUE 是评价数据中心制冷系统的水资源使用效率的指标，是年度水资源使用量与 IT 负载使用的能源之比。

WUE = 年度水的使用量/IT 设备能耗

1.2 任务和要求

为加强数据中心基础设施维护，确保数据中心稳定运行，降低数据中心运行成本，提升数据中心 PUE 值和 WUE 值，特制定本运行维护规程（以下简称“本规程”）。

本规程是数据中心基础设施维护管理工作的基本规章制度，数据中心维护单位和人员应认真执行本规程。各单位可根据工作需要，结合本单位的具体情况制定实施细则。

运行维护工作的基本任务如下：

（1）首要目标是实现 SLA 的要求。

（2）保证基础设施正常运行，设备性能与技术指标、运行环境符合标准。

（3）检测、分析基础设施运行状况，主动维护，预防事故和故障的发生。

（4）迅速、准确排除设备故障，缩短故障历时。

（5）建立完善可行的用电安全管理制度，并负责实施。

（6）在保证运维质量的前提下，合理控制成本。

（7）优化系统配置，提高设备利用率，充分发挥效能。

（8）做好资源管理，规范管理运维技术资料和原始记录等文档。

（9）积极学习和采用新技术，提升维护技术手段，提高运维工作效率。

运维人员的基本要求如下：

（1）熟练掌握技术知识和操作技能，熟悉设备运行状况，做好运行维护工作。

（2）严格执行维护规程及相关规定。

（3）持证上岗。

1.3 编写原则

（1）符合国家相关政策及要求，认真落实国家节能减排要求，建设绿色节能数据中心，强化安全支撑，提高管理水平，促进健康发展。

（2）符合国家和行业标准。包含数据中心设计、建设、验收标准，以及相关设备维护规程（参考标准详见附录A）。

（3）参考互联网公司数据中心和电信运营商数据中心的企业标准及维护最佳实践经验（参考标准详见附录A）。

1.4 维护界面

数据中心应有明确维护界面，以清晰界定运维责任主体，建议维护界面如下：

（1）供配电系统：一般指从供电部门维护分界点（如开闭站、环网柜输出端）起，到机房PDU（或架顶配电单元）供电路径上所有的线缆、设备及其配套设施。

（2）制冷系统：一般指制冷系统内所有管路（市政公用管网以后）、设备及其配套设施。

（3）制冷自控（BA）系统：一般指自控系统内所有线缆、软件、设备及其配套设施。

（4）动环监控系统：一般指监控系统内所有线缆、软件、设备及其配套设施。

（5）防雷接地系统：一般包括所有外部防雷装置和内部防雷装置。

（6）安防系统：一般指视频监控系统、出入口控制系统、入侵报警系统、电子巡更系统等。

（7）消防系统：一般指早期报警系统、火灾自动报警系统、水/气体灭火系统、消防联动控制系统。

1.5 适用范围

本规程适用于通信行业数据中心、互联网数据中心、第三方托管运营数据中心、企业数据中心、行业数据中心与政府部门数据中心基础设施的维护。

本规程的解释修改权属中国通信企业协会通信网络运营专业委员会。

第 2 章 运维组织、制度和流程

运维组织/运维基本制度/运维流程/运维价值提升

2.1 运维组织

2.1.1 运维组织简介

数据中心运维组织按照企业属性和运维模式的差异而有所不同，通常采取以数据中心场地为单位，按维护、值班巡视分组，维护按技术大类分组，工作方式为 5×8 小时，值班巡视以监控、巡视综合值守为主，工作方式为 7×24 小时。人员配置上建议 1000 个机架起配备 15 人，在此基础上每增加 1000 机架，结合实际情况增加 50%～100%维护人员，如图 2-1 所示。

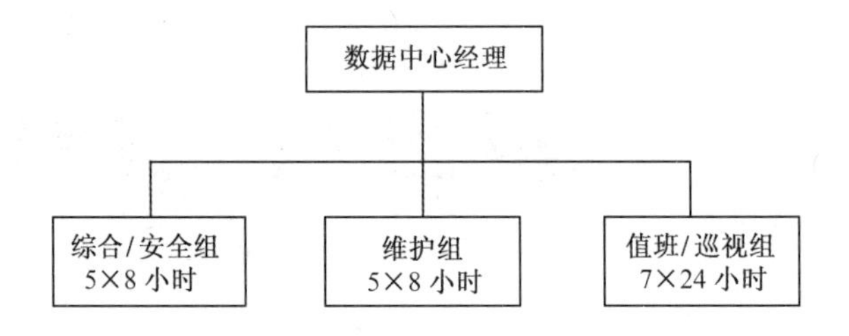

图 2-1　数据中心基础设施运维组织

2.1.2 岗位职责及人员管理

人员类型包括运维经理、电气工程师、空调工程师、运行主管、自控维护人员、维修技术员、运行班长、配电与空调运行巡检人员、高压运行巡检人员、监控值守人员等。部分人员及岗位职责要求如表 2-1 所示。

表 2-1　数据中心基础设施部分人员岗位职责要求

人员类型	人员要求	职　责
运维经理	具备 3 年以上基础设施设备维护管理经验	负责数据中心基础设施管理和团队建设管理，运维流程与制度的审定，并作为现场运维接口人和安全责任人
电气工程师	电气类或相关专业，3 年以上电气系统维护工作经验	负责数据中心所有电气设施维护管理，保证所有电气系统的设备运转正常，起草与修改设备操作规程、维护程序和应急预案，制订全年维护保养计划并监督实施，负责配电设备的定期切换、故障处理、原因分析、缺陷整改等工作

续表

人员类型	人员要求	职　责
暖通工程师	暖通空调类或相关专业，3 年以上中央空调系统或机房空调维护工作经验	负责数据中心所有空调系统设施维护管理，保证空调系统的设备运转正常，起草与修改设备操作规程、维护程序和应急预案，制定全年维护保养计划并监督实施，负责制冷设备的定期切换、故障处理、原因分析、缺陷整改等工作
高压巡检人员	具有高压进网许可证，从事高压运行工作 2 年以上	负责高压设备的 24 小时值班运行及巡检工作。负责当值期间运行故障的应急操作和处理、汇报工作
低压巡检人员	具有低压电工证	负责低压配电及空调设备的 24 小时值班运行及巡检工作。负责当值期间运行故障的应急操作和处理、汇报工作
空调巡检人员	具有制冷与空调作业证	负责空调设备的 24 小时值班运行及巡检工作。负责当值期间运行故障的应急操作和处理、汇报工作
监控值守人员	具有相关的基础知识并经过专业技能上岗/岗前培训	查看告警内容，并判断告警类别，通知相关人员
维护人员	具有低压电工证、制冷与空调作业证，2 年以上配电及空调设备日常维护经验	负责基础设施的具体维护工作

2.1.3 人员培训

应建立一套完善的员工培养计划和方案，保证员工在每个阶段（岗前、在岗、后续）都有对应的培训培养方案及跟踪计划。员工培养体系的核心是培训机制和导师跟踪机制，层级较高、经验丰富的员工带领层级较低、经验一般的员工，保证各级员工技能快速提升。所有员工必须通过培训、考核才能上岗。如图 2-2 所示为员工培养计划流程图。

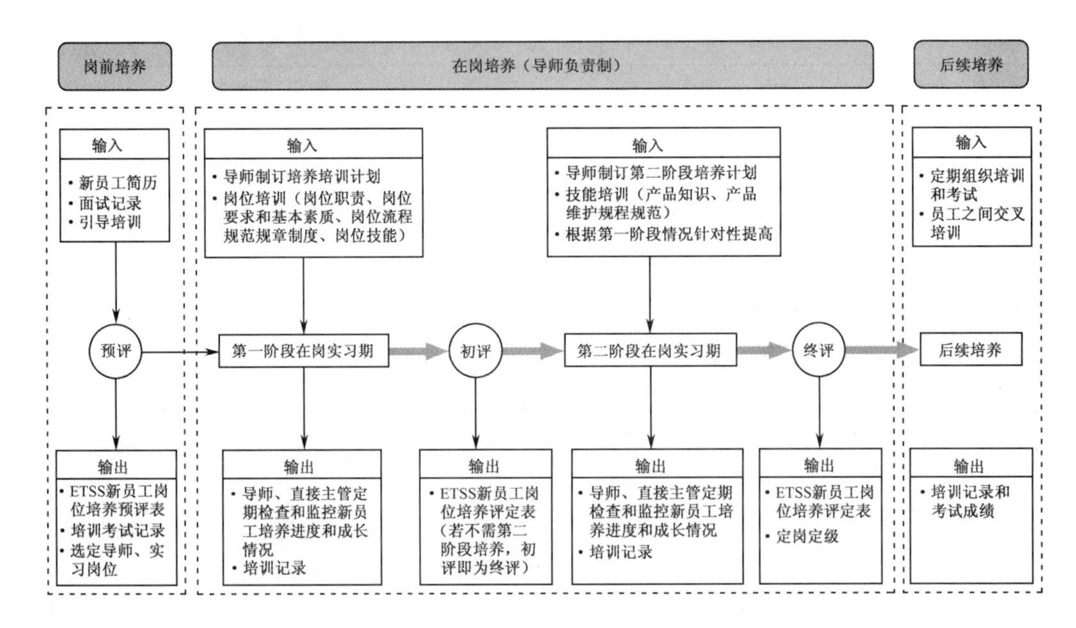

图 2-2　员工培养计划流程

2.2　运维基本制度

运维基本制度用于规范人员行为、工作内容，确保安全运行。各运营单位综合本单位情况进行修订和更新。常见运维制度包括但不限于如下几项。

2.2.1　值班制度

（1）监控中心应实行 7×24 小时值班制度，并应对机房设备定期巡视检查。

（2）值班人员应坚守值班岗位，认真完成相关作业计划，严格执行操作规程，及时、准确、完整地填写值班日志和各种规定的记录文档，按规定进行交接班，不做与值班无关的事。

（3）未经上岗考核或考核不合格的人员，不得单独承担值班工作和独立操作。

（4）保持生产现场整洁，不应将与生产无关的物品带入机房。

（5）遵守故障处理规定，发现异常时应准确、迅速处理，并立即上报，不应以任何理由和借口推诿故障处理工作、拖延故障处理时间；严禁任意关闭告警信号和删除告警。

（6）严格遵守安全保密制度。

（7）当有两人以上同时值班时，应指定一人为值班长，负责值班期间的全面工作。

2.2.2 交接班制度

（1）交接班应认真、准时，接班人员未到岗，交班人员不得离岗。

（2）交班人员应事先做好交班准备，填好值班日志表。

（3）交接班人员应将交接内容逐项检查核实并确认无误，双方在交接班日志上签字后，交班人员方可离岗。

（4）交班期间处理值班事宜的原则。交班前未处理完的故障/事故，应以交班人员为主、接班人员协助共同处理，直至故障/事故消除或处理告一段落后再继续交班；交班过程中发生故障/事故，应以接班人员为主、交班人员协助共同处理，直至故障/事故消除或处理告一段落后再继续交班。

（5）因漏交或错交而产生的问题由交班人员承担责任，因漏接或错接而产生的问题由接班人员承担责任，交接双方均未发现的问题由双方共同承担责任。

2.2.3 维护作业计划制度

（1）维护单位应根据本规程规定的设备维护测试项目和周期，结合具体情况，制订年度、月度作业计划，填写年度作业计划表和月度作业计划表，作业计划内容应根据设备的变动而及时修订。年度、月度作业计划内容及执行周期均需经过技术负责人的审批。

（2）维护人员应根据规程、指标、操作手册和设备说明书的规定，严格按照维护周期执行各项维护作业，维护作业计划所列项目和周期未经批准不得更改。

（3）维护人员在完成作业计划后，应记录完成情况和预检前后的数据，作业记录应记入相应文档并由专人妥善保管，留档保存。

（4）维护作业记录要求如下：

①维护记录必须真实、准确、齐全。

②维护人员应按规范填写维护记录和值班日志，包括事件、时间、地点、现象、数据、处理经过、责任人、处理人等。维护记录和值班日志应详细记录网络、设备的运行

状态，以及维护工作过程，反映维护工作的全面情况。

③维护记录必须描述清楚，严禁漏记、错记、隐瞒不记和事后涂改。

④数据中心经理应定期对维护记录和值班日志进行检查，对存在的问题及时组织改进。

⑤上级部门应定期抽查数据中心维护作业记录。

2.2.4 机房安全制度

（1）数据中心应有明确的安全管理责任人。

（2）数据中心机房内禁止吸烟，严禁存放和使用易燃易爆、剧毒及腐蚀性物品。

（3）维护人员应切实遵守安全制度，认真执行用电、防火的规定，做好防水、防火、防爆、防盗、防雷、防冻、防潮等工作，确保人身和设备的安全。

（4）机房值班人员和维护人员应加强防火安全学习，数据中心应组织进行防火救火操作演习，定期进行安全防火检查。一旦发生火情，应按制定的灭火流程进行处理，并立即报告。数据中心应制定发生火灾和紧急情况下的应急流程，明确分工，加强配合，在发生火灾和紧急情况下不发生混乱。

（5）机房必须配备一定数量的合适消防器材和防护用具。各种消防器材和防护用具应按规定定点放置，随时保持有效，加强对消防设备代维公司的管理，机房走线孔洞必须用防火材料进行封堵，过期的灭火装置应及时更换。机房值班保安人员和维护人员应掌握灭火常识和消防器材的使用。

（6）危险化学品管理参照《危险化学品安全管理条例》（根据 2013 年 12 月 7 日《国务院关于修改部分行政法规的决定》修订）。

（7）各机房应在显眼处张贴消防逃生示意图和机房灭火流程。

2.2.5 出入机房管理制度

（1）机房负责人应审核机房出入人员资格，管理并签发“机房出入证”。外单位人员进入机房需申请“机房出入证”，一人一证。需由数据中心指定人员陪同。

（2）机房出入证有效期最长不可超过 3 个月。若持有出入证人员因故离职，必须将有关证件（代维资格证、机房出入证等）交还，每月通报人员变动情况。

（3）所有外单位人员应严格遵守机房各项规章制度，机房负责人应对所管理的外单位人员进行安全生产方面的考核。

2.2.6　机房保密制度

（1）未经批准不得擅自抄录、复制、拍照设备图纸、机房系统图、机密文件、软件版本、技术档案、用户资料、内部资料等，不得将其携带出机房。

（2）外部人员进入机房必须遵守机房管理规定和机房安全规定。非经同意，外来人员不得触摸设备及终端，不得翻阅图纸资料。

（3）所有维护和管理人员，均应熟悉并严格执行安全保密规定。数据中心领导必须经常对维护和管理人员进行安全、保密和消防教育。定期检查安全保密规则的执行情况，发现问题和隐患应及时处理。

2.2.7　机房环境管理制度

（1）机房出入口应备有鞋套和防尘垫。

（2）机房应防尘，窗户应密封、遮光。环境要整洁、设施摆放整齐。

（3）机房应做好防水、防火、防爆、防盗、防雷、防冻、防潮等工作。

2.2.8　备品备件管理

备品备件管理含备件计划管理和备件日常管理。

1．备件计划管理

（1）备件数据：应动态管理备件出库数量、在途采购数量、现有库存数量等数据。

（2）备件采购计划：结合历史用量、设备数量变动、故障率、货期等信息定期制订备件采购计划。

（3）备件采购：包括备件采购申请表、计划可信度分析、计划实施时间要求等。

2．备件日常管理

（1）库房管理与安全管理：保证备件存储需要的环境条件。

（2）领用管理：建立备件领用审批程序，保证备件合理利用和受控。

（3）出入库管理：建立备件出入库登记制度，执行标准的检验程序。

（4）返修管理：故障件要采用返修来恢复资产属性。

（5）报废管理：对于消耗材料，宜采用出库核销方式。对于资产性备件，宜采用报废审批方式。

2.2.9 工具仪器管理

工具仪器一般分为常用工具、专用工具与仪器、安全防护工具等。

工具管理基本措施如下：

（1）日常检查，保证工具设备完好、可用。

（2）定期计量，保证仪器仪表的精度。

（3）严格进行使用登记，定期盘点，保证实物流动可监控跟踪。

（4）建立工具报废和损坏赔偿制度，促使使用者爱护工具。

2.2.10 技术与资料管理

1. 技术管理

技术管理基本措施如下：

（1）配置各专业技术人员，通过技术培训来满足技术工作要求。

（2）与服务商签订技术支持协议，补充自身技术的不足。

2. 资料管理

资料应集中保存，并有利于需要者使用，定期整理，保持资料完整，防止失密、泄密。资料除原始版本外应有额外备份，应有严格流程确保资料为最新版本，并对变更记录能够进行追溯。资料分为以下几类：

（1）原始记录：指值班日志、故障记录、巡检记录、各类报表等。

（2）工作文档：主要是工作指导、过程记录与决议性的文件。具体包括管理文件、会议纪要、信函传真、电子邮件、商务文件、保修合同等。

（3）设备档案：指面向设备管理的所有记录与文档。具体包括设备工程档案、测试验收档案、维修记录、改造升级记录、扩容更改记录等。

（4）图纸类资料：机房平面图、各类系统连接图、管线连接系统图、故障处理流程图等。

（5）技术文件：指与设备及维护相关的技术文件。具体包括工程设计文件、维护标准规范、产品手册、研究资料。

具体要求如下：

（1）过程文档、管理文档内容与流程一致。

（2）文档归档保存形式符合相关应用要求，电子文档、纸质文档互相对应，互为补充。

（3）重要文档存放地点安全，所有管理文件按密级进行授权管理，文档保管责任人明确。

（4）在规定存档期限内应保证所有归档文档及时、规范、齐全、真实；超过存档期限后应列出文档销毁清单，经过主管核实后统一销毁。

（5）按时间或其他类别分类保存有序，归档接口统一且符合流程要求。

（6）统一命名，文档归档路径清晰，文档查找快捷方便，如按设备类型检索。

2.2.11　代维管理

1. 代维企业的基本要求

（1）代维企业应具备相关法律法规，以及顾客要求的资质和数量的维护实施管理的各层次人员，并保持与此有关的记录，如教育、培训、技能、资格证书和经验等，必要时企业还应对这些记录的有效性进行更新和确认。

（2）代维企业应针对开展 IDC 机房维护服务的需要和员工的能力和意识，制定相应的岗位需求，组织开展对员工的技能培训，并根据不同顾客的要求和顾客不断提高的要求持续改进，确保相关人员的技能、数量能够持续满足维护作业及管理的要求。

（3）代维企业应配备充分的与承担维护设备相适应、能够满足顾客要求的维护用仪器、仪表、计算机及必要的软件和质量检测设备，并建立必要的管理档案。代维企业对维护设备（不包括测量设备）应定期进行维护保养，并对不适宜的设备进行更新。

（4）代维企业应对作业时网络设备、设施及人身安全进行安全评估，采取能够消除或控制风险的措施，确保网络设备、设施及作业人员的安全。这些安全措施应涉及设备防护、信息和网络安全及人身安全等。处于潜在危险环境或场所的人员，应得到必要的安全教育，必要时应对安全教育的效果进行评审。代维企业应对上述事项定期进行安全评估，采取措施，并能得到持续改进。

2. 代维管理

（1）数据中心应与代维企业签署服务承诺协议（SLA)，服务承诺协议一般包含工作内容、维护计划、培训认证、响应时间及考核内容关键指标。

（2）代维企业应接受数据中心的领导，建立通畅的流程，以便及时执行数据中心下达的各类指令和操作，并及时向数据中心报告各种情况。

（3）代维企业应遵照维护规程、作业计划和实施细则的要求，制订维护检修工作计划，并报请数据中心管理部门审核后执行，按时保质保量地完成各项维护任务，确保所维护的设备完好和正常运行，并及时向数据中心管理部门报告。

（4）数据中心应定期对代维公司的工作进行检查，根据服务承诺协议定期对代维企业进行考核。应认真如实地填写机房出入登记、巡检记录表、作业计划表、故障处理等记录。

2.3 运维流程

规范化的运维管理流程可以确保数据中心运行的质量和一致性。数据中心应建立并持续更新、优化运维流程。

数据中心常见的运维流程包括事件管理、问题管理、变更管理、维护管理、故障处理、应急管理等。

运维流程应在工程建设阶段的验收测试过程进行开发和验证，并在运维阶段定期更新和优化。

2.3.1 事件管理

事件管理的目的是在出现事件时尽可能快地恢复正常运行，把对业务的影响降到最低，确保服务质量满足 SLA 要求。

事件管理应记录详细的事件信息，如发生时间、受影响的范围等。

事件分类的目的是确定事件的来源以便采取相应的行动。

事件状态定义反映了事件处理的进展。

事件级别的定义需要确定事件的优先级，以确保足够的资源对事件进行有效处理。

事件诊断处理：对于事件原因暂时未找到，该事件升级为问题管理，通过问题管理的方式追踪根本原因。

事件通报与升级：按照事件级别，严格定义事件通报对象和升级的时限要求。

事件关闭：事件解决和恢复服务后，确保事件相关的信息得到更新和准确记录，根本原因未找到的事件确认已转入问题管理，该事件可以被关闭。

事件分级建议如表 2-2 所示。

表 2-2　事件分级表

事件级别	定义（业务重要性、受影响的服务器台数的定义由企业依据自身情况制定）	事件受理	通报要求（企业依据自身情况定义）
一般事件	指由机房基础设施内部保护性报警、短时间运行异常等因素引起的对机房设备的正常运行形成安全隐患但未造成实际影响的各种异常情况		30 分钟内
严重事件	指由机房基础设施故障，以及其他外界或人为因素对机房正常运行造成影响（非关键业务 *N* 台以上 IT 设备非正常停机）的各种异常情况		10 分钟内
重大事件	指由机房基础设施故障，以及其他外界或人为因素对机房正常运行造成重要影响（重要业务或 *N* 台以上 IT 设备非正常停机）的各种异常情况		5 分钟内

2.3.2　问题管理

问题管理的目的是找出事件的根本原因，并通过变更管理来进行纠正，以防止此类事件的再次发生。

1. 问题识别与记录

任何一个由未知原因引起的事件都与某个问题有关。问题的识别通常发生在以下情况：在事件管理流程中没有问题和已知错误来匹配事件；通过分析发现该事件再次发生了。

2. 问题诊断与处理

通过问题诊断成功获取根本原因并找到解决途径后，该问题将转变为一个已知错误。问题可按引发事件的程度定级为高风险问题和普通级问题。高风险问题指问题不被解决，再度引发事件的可能性很大；普通级问题指问题不被解决，暂时不会引发事件。

一旦诊断完成，该问题状态转化为“解决方案”，然后通过变更管理来进行纠正。

2.3.3 变更管理

变更管理的目的是确保以受控的方式去评估、批准、实施所有变更。确保方法标准，防止未授权变更发生，严格控制变更风险，将变更突发事件影响减到最小，并确保所有的变更可跟踪和追溯。

变更管理要借助“标准操作流程”SOP 来进行管理，SOP 是设备的开机、关机操作步骤，SOP 应按照型号分别编写。

变更包括场地设施冗余、运行特性和参数的变化；因 IT 负荷变化带来的变化；场地安防政策的变化等。应有正式的审批流程，同时确保因变更而需要更新的所有操作流程得到及时修订。

变更分级建议如表 2-3 所示。

表 2-3　变更分级表

变更级别	变更定义	变更实施前通知时间（企业依据自身情况定义）
低风险变更	计划内的基本不会对业务造成直接影响的变更，如供电局提前通知的停电倒闸操作、空调例行检修等	
一般变更	指小范围的设备或系统的调整带来的变更，受影响的范围较小，对核心业务不存在直接威胁，如主备机台数的调整	
重大变更	指由大面积的升级计划或事故引发，其直接或潜在的影响有可能引起机房供电和制冷系统的中断，通常重大变更的紧急程度较高，如 UPS 大修、BA 运行模式的调整	

2.3.4　维护管理

维护管理是指落实维护流程、按时按质完成维护并持续提升维护效率的过程。维护管理的目的是使基础设施保持或者恢复规定功能状态。

维护流程是设备维护工作的指导和依据，数据中心管理者首先要保证各维护流程的正确性、完整性和全面性，同时通过反复的培训和演练使运维人员对流程充分熟悉和理解，并在实际工作中严格执行。

维护操作流程（MOP）包括设备的预防性维护、保养等流程内容，通常 MOP 会包含 SOP 的条目。预防性维护对达成可用性目标至关重要，其作用包括让设备运行保持在接近新设备的状态；在故障发生前对潜在隐患进行定位和处理；延长设备使用寿命。

维护计划编制示例如表 2-4 所示。

表 2-4　维护计划编制示例

序号	设备名称	维护保养项目	规定的维护频次	计划维护时间
1	柴油发电机组	日常检查：重点检查蓄电池浮充电压、电流，电解液位，电解液比重，充满电时比重为 1.24～1.29。 检查机组冷却水路、油路（柴油、机油）有无跑、冒、滴、漏现象。 每月启动发电机空载试机两次，每次 10～15min。 每季度保养并空载试机。 每年进行带载运行性能测试	空载试机 2 次/月， 保养 1 次/季度， 带载 2 次/年	保养：1/4/7/10 月 带载：6/12 月

2.3.5　故障管理

故障属于事件的一种，故障管理应遵循事件管理的流程。

在故障处理过程中，应遵循发现故障、确认故障、派单、处理、回单、确认修复、销障、满意度回访等流程，形成闭环管理。有条件的应采用电子化的故障工单闭环管理方式。根据故障造成的后果，故障可分为重大故障、严重故障、一般故障三个等级。

故障处理流程如图 2-3 所示。

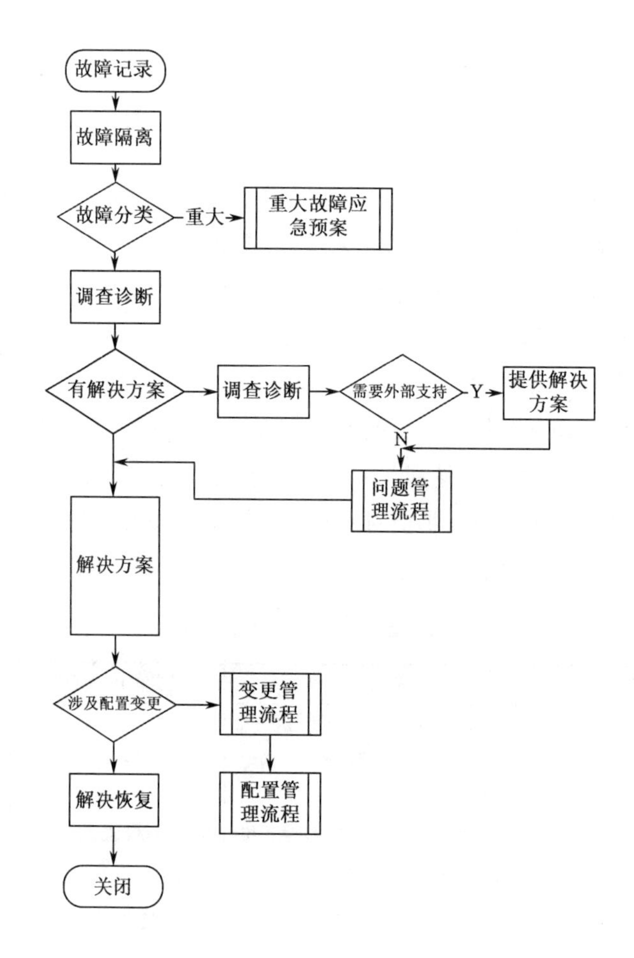

图 2-3　故障处理流程

运维人员 7×24 小时响应故障派单，开展应急故障处理。响应时间≤5 分钟，到达现场配合厂家人员进行维修，并在第一时间进行内部通报。10 分钟内恢复末端供电或制冷。

2.3.6　场地配置管理

应在数据中心工程设计阶段初步建立 SCP 文档；在建设阶段测试验收环节进行验证确认；在运维阶段应将 SCP 作为场地运维重要的指导文件，通过变更管理持续更新，确保与系统最新状态保持一致。如表 2-5 所示为 SCP 文档示例表。

表 2-5　SCP 文档示例表

配电系统	UPS	油机	冷水机组、精密空调	BA 及其他自控系统	消防与安防系统
空开常开"NO"或常闭"NC"状态	系统类型、设备数量和容量、工作模式、冗余台数等	数量和容量、冗余台数、启动顺序等	设备数量和容量、冗余台数、开关与阀门等的常开常闭状态	常规配置，如温湿度设定点、控制精度、最大允许变化率等	检测、报警和动作机构处于正常待命状态

2.3.7　设备生命期管理

1. 设备状态管理

设备状态包括工程状态、维护状态和运行状态三个基本方面，运维管理的重点是维护状态和运行状态。

2. 超期服役管理

超期服役设备指继续在网上运行的超过设计使用年限的设备。一般根据厂家提供的使用年限数据或企业维护规程确定的使用期限来界定。如表 2-6 所示为设备使用年限建议表。

表 2-6　设备使用年限建议表

设备寿命建议	超期服役问题	管理要求
①高压配电设备 20 年或按供电部门的规定； ②交、直流配电设备：15 年； ③整流变换设备：10 年； ④UPS 主机：8 年； ⑤阀控式密封蓄电池：2V 系列，使用 8 年或容量不低于额定容量 80%；6V 以上系列，使用 6 年或容量不低于额定容量 80%； ⑥UPS 供配电系统中全浮充供电方式的阀控式密封蓄电池，使用 6 年或容量不低于额定容量 80%； ⑦油机供配电系统中的蓄电池：不超过 3 年且不允许超期服役； ⑧发电机组累计运行小时数超过大修时限或使用超过 15 年； ⑨机房空调 8 年； ⑩中央空调 12 年； ⑪动环采集设备 8 年	设备老化，进入故障高发期	网络运行安全放在首位，对于存在明显隐患与不能满足运行要求的设备及时改造或更新
	备件供应和技术支持无法有效保证	综合考虑运行成本、维护成本、设备更新投资、折旧等因素，保证采取的方式具备效益最优
	效率低、能耗大	对超期服役设备运行维护进行专门管理，完善设备信息收集与统计，定期评估设备运行维护状况，成为决策的基本依据
	智能化程度低，难以纳入监控系统	
	维护成本高，维护质量无法保证	

2.3.8 应急管理

明确基础设施系统发生故障时应急处理的组织架构、各岗位的职责，规范故障汇报程序和故障应急处理，建立保障和恢复应急工作机制，提高应对突发事件的组织指挥能力和应急处置能力，保证应急指挥调度工作迅速、高效、有序地进行，满足突发情况下基础设施系统保障和恢复的需要，确保安全运行。

应急操作流程（EOP）用于规范应急操作过程中的流程及操作步骤。EOP 主要包括供电中断、制冷中断、火灾、防汛、安防、信息安全等。当有异常情况发生时，需要多系统、多专业联动反应。在平时的演练中，应多个应急预案交叉启动，为应对可能出现的场景做充分的准备。

应急保障流程如图 2-4 所示。

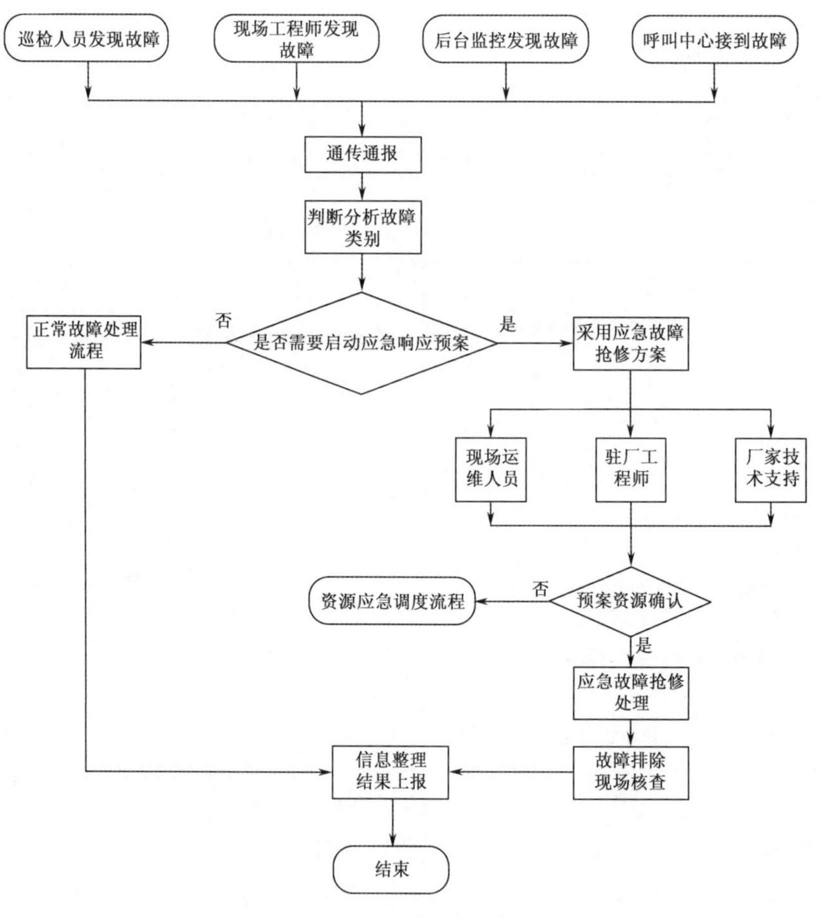

图 2-4　应急保障流程

流程说明：

（1）值班人员发现故障，启动应急程序，应急人员应在 10 分钟内到场。

（2）根据故障处理规定向上级部门和主管领导通报；故障分级参考 3.8.2 节的要求执行。

（3）专业工程师根据故障现象确认是否有现成方案。

（4）如果已有预案，专业工程师按预案要求逐步对故障进行处理。

（5）驻场小组将异常情况通报厂家，要求厂家现场支持。

（6）驻场小组、厂家工程师根据设备异常状况制定设备应急处理方案。

（7）××部门经办人审核针对该次出现的异常情况而制订的方案是否可行。

（8）××部门主管领导审批是否实施方案。

（9）驻场小组根据制订的方案组织实施。

（10）驻场小组根据故障处理规定向××部门通报情况。

（11）驻场小组在故障后两个工作日内提交故障分析报告给××部门。

（12）针对该故障进行总结：分析故障产生的原因，总结方案实施效果，形成“应急故障处理报告”和该类故障应急方案并归档。

应急演练要求如表 2-7 所示。

表 2-7　应急演练要求

序　号	模拟场景	建议频次	备　注
1	机房高温	1 次/年	推演演练
2	双路市电停电	1 次/年	
3	消防	1 次/年	
4	防汛	1 次/年	
5	防台风	2 次/年	沿海城市适用
6	防恐	1 次/年	
7	冷机故障轮循	1 次/年	
8	空调末端故障	1 次/年	
9	市政停水	1 次/年	
10	主管路爆裂	1 次/年	
11	冰、燃油等应急物资供应	1 次/年	

2.3.9　质量管理

运行维护质量指标基于以下质量要素：关键目标、质量过程管理与控制。

（1）关键目标：是质量管理所基于的最终目标，是质量全过程的结果体现。主要通过客户满意度、可用性、能效等量化指标结合关键事件结果来进行衡量，同时要考虑质量成本限制等因素。

（2）质量过程管理与控制：是质量控制中所采取的全部步骤，是质量全过程有效性的体现。质量过程主要体现在维护作业过程中，通过质量记录和文档来反映，其特征具有明显的统计性，可以利用抽样与全样统计来衡量。主要包括以下几个方面：设备故障率、故障处理及时率、作业计划执行率、单项作业完成质量、文档质量等。

2.3.10 成本管理

根据成本属性分为维护成本和运行成本两方面进行精细化管理。

1．维护成本管理

（1）选择合适的维护模式，进行维护方式、成本、质量均衡。

（2）明确外部资源需求的必要性和充分性，减少资源的重叠配置。

（3）最佳备件、物料库存配置。

2．运行成本管理

（1）节能管理：制定节能方案并实施，节能方案的制订要考虑可行性和实施成本。

（2）采购管理：采取长期协议，获取最优价格。

2.3.11 安全管理

安全主要分为三大类，第一类是人身安全，第二类是资产安全，第三类是信息系统安全。

1．人身安全

进入数据中心的所有人员应遵守该数据中心相关的安全管理条例和流程。

2．资产安全

进入数据中心的所有人员应遵守该数据中心相关的资产管理条例和流程。

3. 信息安全

未经授权，其他相关人员不得访问非授权信息资产。

2.4　运维价值提升

2.4.1　能效管理

能效管理可分为能源利用率评估、节能运行管理、节能技术应用等几个维度进行。能效管理的重点包括以下三个方面：

（1）数据中心能效指标 PUE、WUE 等的获取及分析，能效预警与控制。

（2）日常节能运行管理，发挥系统最大的节能潜力。

（3）节能技术应用，因地制宜，持续升级优化。

2.4.2　容量管理

数据中心应定期开展容量评估工作，以充分掌握系统当前运行负荷及后续扩容负荷分布。

系统容量评估工作按评估维度可分为系统容量评估、系统可扩容性评估。系统容量评估的内容主要包括当期容量分析、远期容量规划、容量预警。系统可扩容性评估的主要内容包括容量可扩容性、空间可扩容性。

2.4.3　安全评估

数据中心应定期开展安全测试评估工作（以下简称“测评”），以提前甄别设备及系统潜在的隐患，降低设备及系统运行风险，评估负载变化及供配电系统结构变化带来的运行风险，有效弥补日常维护及设备维保工作的盲点。

安全测评工作按评估维度可分为系统级评估、设备级评估、器件级及专项评估。数据中心管理者应根据机房实际情况及维护管理需求编写测评工作计划，并根据测评结果制定系统优化升级方案。

第 3 章 供配电系统维护

供配电系统介绍/基本要求/高低压变配电系统维护/发电机组维护/UPS 系统维护/直流系统维护/蓄电池组维护/故障分级与响应要求/系统运行优化/常用工具与仪器

3.1 供配电系统介绍

供配电系统包括高低压变配电系统、发电机组、UPS 系统、直流电源系统、PDU、蓄电池组、线缆及母排等。

供电方式包括 UPS 系统供电、直流电源供电及市电直供。

供配电系统维护界面一般指从供电部门维护分界点（如开闭所、环网柜输出端）起，到机房 PDU（或架顶配电单元）供电路径上的所有线缆、设备及其配套设施。

3.2 基本要求

（1）设备四周的维护走道净宽应保持规定（≥0.8 米）的距离，各走道均应铺设绝缘垫。

（2）人员防护用具（绝缘鞋、绝缘手套、电弧防护服等）必须专用。

（3）带电操作时操作人员需要佩戴绝缘手套，工具仪表要做好绝缘。

（4）停电检修应遵守“停电—验电—放电—接地—挂牌—检修”的程序。

① 停电检修前应做好现场隔离措施。

② 禁止对隔离开关进行带载操作。

③ 断电顺序：先断负载开关，后断隔离开关，先停低压、后停高压。

④ 切断电源后，在电源三相进线末端、进线隔离开关之前悬挂临时接地线，安装接地线时，应先接接地端，再接线路端。

⑤ 在断开的断路器上应实施“挂牌上锁”程序，防止非作业人员误合闸。

⑥ 检修完毕，核实电气装置上确实无人工作后，先拆除临时接地线的线路端，再拆除其接地端；送电顺序与断电顺序相反。

（5）交流供电应采用三相五线制，零线禁止安装熔断器，在零线上除电力变压器或隔离变压器近端接地外，用电设备和机房近端不允许接地。

（6）定期（宜 4 小时 1 次)进行安全巡视，观察有无异常状况。

（7）设备应保持良好接地，并定期进行接地可靠性检查。

（8）熔断器应有备用，不应使用额定电流不明或不合规定的熔断器。自动断路器跳闸或熔断器烧断，应查明原因再恢复使用，必要时允许试送电一次。

3.3 高低压变配电系统维护

高低压变配电系统包括高压配电设备、低压配电设备、直流操作电源、电容补偿柜、滤波器柜、变压器、计量柜、线缆及母线等设备。

1. 维护要点

（1）高压验电器、高压拉杆绝缘应符合规定要求，并应定期检测试验。

（2）高压维护人员必须持有高压操作证。

（3）雨天不准露天作业，高处作业时应系好安全带，严禁使用金属梯子作业。

（4）应遵守一人操作、一人监护的原则，实行操作唱票制度。不准单人进行高压操作。

（5）继电保护和告警信号应保持正常，严禁切断警铃和信号灯，严禁切断各种保护连锁装置。

（6）若需在距离 10～35kV 导电部位 1m 之内或距离 10kV 导电部位 0.7m 之内维护时，应切断电源并将变压器高低压两侧断开，凡有电容的器件（如电缆、电容器、变压器等）应先放电。

（7）定期对设备及运行环境进行清洁。

（8）定期检查各元器件和部件的温升，应无异常发热现象。

（9）每年检测一次接地引线和接地电阻，其接地电阻值应小于 1Ω。

（10）对于自维的高压线路，每年要全线路检查一次避雷线及其接地状况，供电线路情况，发现问题及时处理。

2. 维护周期表

如表 3-1 所示为高低压变配电系统维护周期表。

表 3-1 高低压变配电系统维护周期

序号	维护对象	维护项目	维护内容	要求	维护类型	周期
1	环境巡视	照明环境	巡视高低压室照明情况，应急照明状态指示	高低压室内应光线充足、应急照明状态显示正常	日常巡视	4 小时
2		维护环境	巡视高低压室内环境	高低压室内应干净整洁、无杂物存放，无渗漏水痕迹	日常巡视	4 小时
3		孔洞封堵	巡视孔洞封堵	地槽、线槽等孔洞应堵塞完好，防鼠板无破损	日常巡视	4 小时
4		温度湿度	记录高低压室温湿度计读数	高低压变配电房环境温度5～35℃，湿度20%～80%	日常巡视	4 小时
5	状态巡视	运行指示灯	巡视高低压室内所有设备指示灯状态	运行指示灯应“常亮”	日常巡视	4 小时
6		状态指示灯		状态指示灯指示正常	日常巡视	4 小时
7		告警或故障指示灯		告警或故障指示灯应“常灭”	日常巡视	4 小时
8	变压器	运行声响	巡视变压器运行声响	变压器正常运行时，一般有均匀的“嗡嗡”电磁声，声音不应过大，不应有异声	日常巡视	4 小时
9		显示温度	记录变压器显示温度	温控器显示变压器温度不超过105℃。 变压器在三相负载平衡的情况下，三相温度相差应不大于25℃	日常巡视	4 小时
10		显示电压	记录变压器显示电压	变压器高压侧运行电压不宜超过额定电压±10%，低压侧电压应在额定电压的-15%～+10%	日常巡视	4 小时
11		显示电流	记录变压器显示电流	电流不超过额定电流值，三相电流宜平衡	日常巡视	4 小时
12		电气连接	检查各处电气连接	各接头处无氧化，接触良好、无松动	预防性维护	两年
13		仪表校正	对仪表进行校正	显示值与实际值的误差电压<±1%，电流误差<±5%	预防性维护	两年
14		设备清洁	清洁变压器内部及风机灰尘	无明显可见灰尘	预防性维护	两年

续表

序号	维护对象	维护项目	维护内容	要求	维护类型	周期
15	变压器	绝缘电阻	测量绕组绝缘电阻	①高压对低压、高压对地、低压对地≥300MΩ，2500V兆欧表 ②与前次测试结果应无明显变化	预防性维护	两年
16		中性点接地	检查中性接地点	中性点接地点无锈蚀、无氧化，接触良好、无松动	预防性维护	两年
17	电容补偿柜	功率因数	记录补偿功率因数	自动/手动状态应在正确位置，功率补偿结果应大于0.9	日常巡视	4小时
18		温升检查	检测电容器、电抗器表面温度（“温升检查”：环境温度不超过35℃，若超过按35℃计算）	①电容表面温度一般不应大于60℃，或以产品说明书为准 ②与前次测试结果相比应无明显变化	例行维护	月
19	直流操作电源	浮充电压	记录浮充电压	浮充电压显示处于正常范围（参照电池浮充电压要求）	日常巡视	4小时
20		电池外观	巡视电池外观	电池无漏液、鼓包等异常现象	例行维护	月
21		电池核对性放电测试	放出电池标称容量的30%～40%	无落后电池	预防性维护	年
22		设备清洁	充电器表面、进出风口、风扇及过滤网或通风栅格清洁	无灰尘	预防性维护	年
23		绝缘告警测试	模拟测试	模拟正对地、负对地绝缘下降，绝缘检测仪应能正常告警	预防性维护	年
24	自动切换装置	温升检查	检查断路器、熔断器、电缆、电气连接等处温升	①接触处为无被覆层或搪锡时应不大于50℃，镀银或镀镍时应不大于60℃ ②可能触及的壳体金属表面应不大于30℃，绝缘表面不应大于20℃ ③与前次测试结果相比应无明显变化	例行维护	月
25		参数设置	检查自动切换装置各项参数设置	切换条件、切换模式、切换延时应满足当前系统使用需求	预防性维护	年

续表

序号	维护对象	维护项目	维护内容	要求	维护类型	周期
26	自动切换装置	切换功能	切换功能测试	自动、手动模式下自动切换装置均能正常切换，实际切换延时与设置延时相符	预防性维护	年
27		电气连接	检查各处电气连接	各接头处无氧化，接触良好、无松动	预防性维护	年
28	配电柜	温升检查	检查断路器、熔断器、电缆、电气连接等处温升	①接触处为无被覆层或搪锡时应不大于 50℃，镀银或镀镍时应不大于 60℃ ②可能触及的金属表面应不大于 30℃，绝缘表面应不大于 20℃ ③与前次测试结果相比应无明显变化	例行维护	月
29		断路器整定	检查记录电流和时间整定值	上下级整定应合理，满足当前使用需求	预防性维护	年
30		抽屉开关	检查抽屉开关机械结构	抽屉开关推入、拉出顺畅，无卡滞	预防性维护	年
31		互锁功能	配电柜互锁功能检查	互锁逻辑符合系统当前使用需求，互锁功能正常	预防性维护	年
32	滤波器柜	谐波参数检查	记录设备显示电流谐波、电压谐波	电压总谐波（THDu%）不应大于 5%，电流总谐波（THDi%）不应大于 10%	日常巡视	4 小时
33		温升检查	检查断路器、熔断器、电缆、电气连接等处温升	①接触处为无被覆层或搪锡时应不大于 50℃，镀银或镀镍时应不大于 60℃； ②可能触及的金属表面应不大于 30℃，绝缘表面不应大于 20℃； ③与前次测试结果相比应无明显变化	例行维护	月
34		电容、电缆外观检查	内部电缆、电容等的外观	电缆无开裂焦黄、电容无漏液鼓胀	预防性维护	年

续表

序号	维护对象	维护项目	维护内容	要求	维护类型	周期
35	列头柜	温升检查	检查断路器、熔断器、电缆、电气连接等处温升	①接触处为无被覆层或搪锡时应不大于 50℃，镀银或镀镍时应不大于 60℃； ②可能触及的金属表面应不大于 30℃，绝缘表面不应大于 20℃； ③与前次测试结果相比应无明显变化	例行维护	月
36		防雷检查	检查防雷元器件失效指示和断路开关（或保险丝）状态	防雷元器件和断路开关（或保险丝） 状态正常	例行维护	月
37	线缆及母线	温升检查	检查电缆、各电气连接处温升	①接触处为无被覆层或搪锡时应不大于 50℃，镀银或镀镍时应不大于 60℃； ②可能触及的金属表面应不大于 30℃，绝缘表面不应大于 20℃； ③与前次测试结果相比应无明显变化	例行维护	月
38		电气连接	检查各处电气连接	各接头处无氧化，接触良好、无松动	预防性维护	年
39		标签标识	标签标识准确、无脱落	线缆路由应标明取电地点、取电设备、取电端子；送电地点、送电设备、送电端子；线缆规格	预防性维护	年

3.4 发电机组维护

发电机组分为固定机组和移动机组两类。固定机组包括固定安装在发电机房的柴油发电机组、燃气轮发电机组；移动机组包括拖车式机组、车载式机组、便携式机组。

发电机组维护包括发动机、发电机、控制系统、电气系统、冷却系统、燃油系统、润滑系统、进排风系统、排烟系统等。

1. 维护要点

（1）操作和维护高压发电机组要严格按照高压操作使用规范进行操作，操作人员有相应的高压操作资质。

（2）油机室内应光线充足、空气流通，注意清洁、不存放杂物。

（3）根据环保要求，应采取必要的降噪措施，油机排烟应不影响人身安全。

（4）机组应保持清洁，无漏油、漏水、漏气、漏电现象。

（5）机组及其进排风口不应堆放杂物，且应保证有足够的进风量，机组运行时油机室内应维持正压。

（6）进排风百叶应定期检查有无变形，雨水内淋现象；电动进排风百叶应定期试验自动执行机构和手动机构是否完好；进排风消音间应定期清扫。

（7）室内应具备应急照明装置，并定期检测。

（8）对于并机系统，单机并入系统时间及并机系统整体并机时间应能满足市电/机组切换要求。自动模式下市电停电至机组带载时间宜小于 2 分钟。

（9）机组容量应不小于实际负荷（含电池充电功率）的 1.2 倍。

（10）机组供电时，负载应分组投入。

（11）燃油液位指示和刻度标识正常，储油罐、通气管、呼吸器应无阻塞。场地燃油储备宜保障满载 8 小时，且签有外部供油保障协议。

（12）机组卸载后应空载运行 3～5 分钟。运行过程中若出现机油油压低、水温高、转速高、电压异常等故障时，应立即停机。机组内部异常敲击声、传动机构出现异常、转速过高（飞车）或其他有发生人身事故或设备危险情况时，应立即紧急停机。

（13）根据各地区气候及季节情况的变化，应选用适当标号的燃油和机油。

（14）具备条件时，发电机组启动电池及其充电装置应有备份，并安装切换装置。

（15）每次使用后，注意检查润滑油、燃油和冷却水箱的液位情况。

（16）新装或大修后的机组应先试运行，当性能指标都合格后，才能投入使用。

（17）移动式发电机组：

① 移动式发电机组在不用时，应每个月做一次试机和试车。

② 若无充电机，每个月给起动电池充一次电，保证汽车和油机的起动电池容量充足。

③ 每次使用后，注意检查（车和机组）润滑油和燃油，检查冷却水箱液位情况。

④ 拖车式电站和车载式电站宜设有专用车库。

⑤ 作为备用发电的小型汽油机，在其运转供电时，要有专人在场，在燃油不足时，停机后方可添加燃油。

2．维护周期表

如表 3-2 所示为发电机组维护周期表。

表 3-2　发电机组维护周期表

序号	维护对象	维护项目	维护内容	要求	维护类型	周期
1	环境巡视	照明环境	巡视油机室照明情况，应急照明状态指示	油机室内应光线充足、应急照明状态显示正常，油机室应采用防爆灯	日常巡视	4 小时
2		维护环境	巡视油机室内、室外环境状况	油机室内应干净整洁、无杂物存放，油机室进风口、排风口无杂物阻挡	日常巡视	4 小时
3		孔洞封堵	巡视孔洞封堵	地槽、线槽等孔洞应堵塞完好，防鼠板无破损	日常巡视	4 小时
4		温度湿度	记录油机室温湿度计读数	机组室内温度不宜低于 5℃，若低于 5℃，应开启水箱加热器或其他辅助加热装置（保证机组一次启动成功，机组防冻液温度不宜小于 21℃）。室内湿度应小于 90%（25℃）	日常巡视	4 小时
5	状态巡视	运行指示灯	巡视油机室内所有设备指示灯状态	运行指示灯应“常亮”	日常巡视	4 小时
6		状态指示灯		状态指示灯指示正常	日常巡视	4 小时
7		告警或故障指示灯		告警或故障指示灯应“常灭”	日常巡视	4 小时
8		漏水检查	巡视机组是否存在漏水、漏电、漏油、漏气	油机室内地面无积水，管路接口处无漏水	日常巡视	4 小时
9		漏电检查		电气设备应工作正常，无漏电现象	日常巡视	4 小时
10		漏油检查		油机室地面无油迹，管路接口处无漏油	日常巡视	4 小时
11		漏气检查		机组进气管、排烟管、曲轴箱呼吸管和发动机机体等各种联结处应无不同的色差	日常巡视	4 小时

续表

序号	维护对象	维护项目	维护内容	要求	维护类型	周期
12	电气系统	电池充电（包括备用充电机及备用电池检查）	检查启动电池充电状态，测量电池浮充电压	①电池充电机工作正常，启动电池应处于稳压浮充状态，充电电压一般为26～27V或参考电池产品说明书； ②电池浮充电压与前次测试结果应无明显变化	例行维护	月
		电池液位、比重	采用富液式启动电池的场地应检查电解液位、比重	①电池液面应位于极板上约100mm处或按说明书要求，液位低于要求时，应立即补充蒸馏水； ②电解液密度一般为1.280～1.300g/cm^3（25℃）或按产品说明书要求	例行维护	月
		电池外观及连接（包括快速接头、主备电池切换装置的检查）	检查电池外观及连接	①电池无破损、无漏液、无鼓胀、无爬酸； ②极柱和连接处无腐蚀、无氧化、无松动	例行维护	月
13		仪表校正	检查机油压力、冷却液温度、转速、电流的指示值	电阻值正常、无松动，监测数据准确	预防性维护	年
14		断路器整定	检查断路器整定值	各项整定值应满足当前使用需求	预防性维护	年
15	冷却系统	水箱水量	检查冷却水箱内冷却液液位	冷却水箱冷却液位应充足，冷却液面比密封盖的密封面低5cm为宜	例行维护	月
16		风扇皮带	检查风机皮带松紧度	风扇皮带无裂纹、露线，皮带松紧度以10～15mm挠度为宜	例行维护	月
17		冷却风扇	检查风扇的异常转动	检查有无裂痕、松动的铆钉，叶片是否弯折或松动。检查风扇是否安装牢固	例行维护	月
18		管路维护	检查水箱和发电机之间连接软管、卡箍	检查冷却液管路和散热器软管是否有磨损或开裂，卡箍是否松动	例行维护	月

续表

<table>
<tr><th>序号</th><th>维护对象</th><th>维护项目</th><th>维护内容</th><th>要求</th><th>维护类型</th><th>周期</th></tr>
<tr><td>19</td><td rowspan="3">冷却系统</td><td>冷却液</td><td>冷却液更换</td><td>宜使用浓度为 50%的乙二醇水溶液。防冻液规格及浓度，根据环境温度参考产品说明书。<table><tr><th>序号</th><th>乙二醇/水比例</th><th>冰点 ℃</th></tr><tr><td>1</td><td>10/90</td><td>-3.8</td></tr><tr><td>2</td><td>20/80</td><td>-7.5</td></tr><tr><td>3</td><td>30/70</td><td>-14</td></tr><tr><td>4</td><td>40/60</td><td>-22</td></tr><tr><td>5</td><td>50/50</td><td>-32</td></tr><tr><td>6</td><td>55/45</td><td>-42</td></tr><tr><td>7</td><td>60/40</td><td>-55</td></tr><tr><td>8</td><td>62/38</td><td>-60</td></tr><tr><td>9</td><td>65/35</td><td>-64</td></tr></table></td><td>预防性维护</td><td>2 年或累计 250 小时</td></tr>
<tr><td>20</td><td>散热器翅片清洗</td><td>清洗散热器</td><td>检查散热器翅片是否有堵塞</td><td>预防性维护</td><td>2 年或累计 250 小时</td></tr>
<tr><td>21</td><td>进气口/排气口检查</td><td>检查机房冷却空气的进气口/排气口</td><td>排气部件安装牢固，无卷曲，进排气口畅通无阻，机组附近无易燃物，废气从机房开口处排出。确保所有接头密封良好，无泄漏</td><td>预防性维护</td><td>2 年</td></tr>
<tr><td>22</td><td rowspan="3">燃油系统</td><td>燃油油量</td><td>检查柴油储油罐油位</td><td>柴油储备应满足场地要求；若有自动补油系统，应每月测试一次</td><td>例行维护</td><td>月</td></tr>
<tr><td>23</td><td>管路检查</td><td>检查各燃油管路及接头</td><td>管路应无老化现象，各管路接头部位、柴油滤清器部位无渗、漏油现象，管路老化应及时进行更换，渗、漏油处应立即处理</td><td>例行维护</td><td>月</td></tr>
<tr><td>24</td><td>燃油滤清器</td><td>燃油滤清器更换</td><td>用过滤器扳手拆下燃油滤清器，用清洁的燃料填充过滤器，然后用过滤器扳手安装并拧紧燃油滤清器，检查有无泄漏</td><td>预防性维护</td><td>2年或累计250 小时</td></tr>
<tr><td>25</td><td rowspan="2">润滑系统</td><td>机油</td><td>机油更换</td><td>关闭发动机，打开机油加油口盖，拧开机油排丝堵，机油排完更换后，安装并拧紧丝堵</td><td>预防性维护</td><td>2年或累计250 小时</td></tr>
<tr><td>26</td><td>机油滤清器</td><td>机油滤清器更换</td><td>使用机油滤清器扳手卸下机油过滤器，然后用清洁的机油补充机油滤清器，然后用过滤器扳手安装并拧紧燃油滤清器，检查有无泄漏</td><td>预防性维护</td><td>2年或累计250 小时</td></tr>
<tr><td>27</td><td>进排风系统</td><td>空气滤清器</td><td>检查滤清器阻塞指示器</td><td>如透明部分出现红色，应立即进行更换</td><td>预防性维护</td><td>2年或累计250 小时</td></tr>
<tr><td>28</td><td>发电机组</td><td>空载试机</td><td>手动启动</td><td>机组应能正常启动</td><td>例行维护</td><td>月</td></tr>
</table>

续表

序号	维护对象	维护项目	维护内容	要求	维护类型	周期
29	发电机组	空载试机	并机性能	①不应有冲击环流、逆功率发生，过流、逆功率一般设定为额定值的2%～3%或以产品说明书为准； ②不应出现并联断路器跳闸； ③并机合闸时间不宜大于1分钟	例行维护	月
30			运行检查	仪表显示各项运行参数正常	例行维护	月
31			进排风检查	电动进排风门或百页可自动开启，进风口、排风口气流顺畅、无杂物阻挡	例行维护	月
32		带实际负载测试	自动启动	机组应能正常启动，且启动时间满足场地要求	预防性维护	年
33			并机性能	在自动状态下2分钟能够并机带载。带载后，并机系统不应有冲击环流,逆功率发生，不应出现并联断路器跳闸	预防性维护	年
34			ATS 切换测试	ATS 应能正常切换，且切换逻辑及切换时间满足场地要求	预防性维护	年
35			机组带载性能	电压、电流、频率、转速、机机油油压力、冷却水温应在正常范围内，油机带载30分钟以上	预防性维护	年

3.5 UPS 系统维护

UPS 系统按结构可分为传统非模块化 UPS、模块化 UPS。

UPS 系统包括 UPS 主机、电池组、输入/输出配电柜。

1. 维护要点

（1）对于 N+1 并机系统，系统输出端的最大负载应不超过 UPS 单机额定容量×N×80%；对于 2×（N+1）并机双总线系统，系统输出端的最大负载应不超过 UPS 单机额定容量×N×40%。

（2）UPS 供配电系统的输入回路应采用双电源输入以避免单点故障，UPS 的整流器输入和静态旁路输入应引自不同开关，多台 UPS 并联的旁路电源必须来自同一路市电。

（3）定期检查 UPS 电容外观，并测量直流母线交流纹波电压、主路输入电流直流分量和电容温升。

（4）当输入频率波动频繁且速率较高，超出 UPS 跟踪范围时，严禁进行逆变/旁路切换的操作。在油机供电时，尤其应注意避免这种情况的发生。

（5）手动旁路开关应设置锁定装置防止误合，逆变到手动旁路切换时应按逆变—自动（静态）旁路—手动（维修）旁路顺序切换，严禁直接进行市电—手动旁路切换。每次切换操作前应先确认设备状态是否稳定，状态不稳定时不应进行切换操作。

（6）模块化 UPS 除参考传统 UPS 的相关维护内容外，应定期进行以下维护：

① 严格按照厂家说明书进行模块开关机和插拔。

② 定期检查模块插接器件接触是否良好，温升是否正常。

③ 各模块负载均分性能是否良好。

④ 定期进行功率模块除尘，清洁散热风口及滤网。

2. 维护周期表

如表 3-3 所示为 UPS 系统维护周期表。

表 3-3　UPS 系统维护周期表

序号	维护对象	维护项目	维护内容	要求	维护类型	周期
1	环境巡视	照明环境	巡视 UPS 室照明情况，应急照明状态指示	UPS 室应光线充足、应急照明状态显示正常	日常巡视	4 小时
2		维护环境	巡视 UPS 室内环境状况	UPS 室内应干净整洁、无杂物存放、无异味	日常巡视	4 小时
3		孔洞封堵	巡视 UPS 进出线孔封堵情况	UPS 进出线孔应做到无孔隙，防止小动物进入	日常巡视	4 小时
4		环境清洁	清理设备维护区内灰尘、杂物	干净整洁、无杂物存放、无异味	例行维护	季
5		温度湿度	记录 UPS 室温湿度计读数	UPS 应放置在有空调的机房，宜保持 10～30℃的机房温度及 20%～80%的机房湿度	日常巡视	4 小时

续表

序号	维护对象	维护项目	维护内容	要求	维护类型	周期
6	状态巡视	运行指示灯	巡视 UPS 设备指示灯状态	运行指示灯应“绿色常亮”	日常巡视	4 小时
7		状态指示灯		状态指示灯指示正常（绿色常亮）	日常巡视	4 小时
8		告警或故障指示灯		告警或故障指示灯应“常灭”	日常巡视	4 小时
9		风扇	巡视每个风扇状态	运转正常无异响	日常巡视	4 小时
10		面板指示	检查记录 UPS 输入、输出电压、电流，电池电压、电流，负载率，UPS 运行状态	输入电压应在额定电压的-15%～+10%范围内，面板显示值正常，精度正常，不超过系统设计容量的 80%且并机负载均分性能良好	例行维护	月
11		告警记录	检查记录当前及历史事件记录、告警记录	①无异常告警或记录 ②清除 UPS 存储的过期告警和记录	例行维护	月
12	UPS 主机	温升检查	带载情况下拆开盖板测量输入、输出、电池空开、铜排端子，输入、输出交流电容、直流母线电容、功率器件（SCR、IGBT、接触器）、电感、变压器温度	①接触处为无被覆层或搪锡时应不大于 50℃，镀银或镀镍时应不大于 60℃； ②可能触及的金属表面应不大于 30℃，绝缘表面应不大于 20℃； ③与前次测试结果相比应无明显变化	预防性维护	年
13		输入谐波电流测试	用电能质量分析仪测试输入电流谐波	满载不大于 5%（2～39 次谐波），非满载情况下相同负载率时应与前次测试结果无明显变化	预防性维护	年
14		设备清洁	断电情况下 UPS 内部、前后级配电柜、UPS 风扇、滤网、散热风口除尘（板件，开关，电容，电感，功率器件）	无明显可见灰尘	预防性维护	年

续表

序号	维护对象	维护项目	维护内容	要求	维护类型	周期
15	UPS主机	电容电缆外观检查	内部电缆、电容等的外观	电缆无开裂焦黄、电容无漏液鼓胀	预防性维护	年
16		仪表校准	实测电压与面板显示电压对比	面板显示精度，电压±1%，电流±5%	预防性维护	年
17		切换功能（进行该项维护时存在业务中断风险，测试前应征得IT和相关业务部门批准，并做好相应的数据备份工作）	①市电逆变转电池逆变； ②市电逆变转自动（静态）旁路； ③自动旁路转手动旁路（维修）旁路； ④维修旁路转外置维修旁路	切换功能正常、无异常告警、业务无中断	预防性维护	年
18		历史记录	对UPS历史记录初步分析	确认UPS没有异常或故障记录	预防性维护	年
19		关键部件（进行该项维护时应根据UPS内部结构合理选择测试参数，不可测或测试有较大风险时应放弃该参数的测试）	用万用表交流毫伏档测量记录直流母线电压纹波，输入、输出滤波电容工作电流，输出变压器直流分量	母线纹波电压小于（1%×母线直流电压），滤波电容电流三相基本平衡，输出变压器各相直流分量小于（1%×满载电流）且代数和为0	预防性维护	年
20		电容更换（建议为5年，若使用过程中出现异常或达到产生说明书使用年限时则应及时更换）	滤波电解电容更换	①更换前应对电容进行能量释放； ②更换后应先对UPS进行测试，确认状态正常后再并入系统	预防性维护	5年
21		电气连接	检查主机、电池及配电部分引线及端子的接触情况，检查馈电母线、电缆及软连接头等各连接部位的连接是否可靠	各接头处无氧化，接触良好、无松动	预防性维护	年

续表

序号	维护对象	维护项目	维护内容	要求	维护类型	周期
22	UPS主机	零地电压	测量UPS输出配电柜零地电压	①宜小于2V；②与上次测试结果无明显差异	预防性维护	年
23		电池开关	检查电池开关外观及各连接端子	①开关分断/闭合正常；②电池放电时，开关表面温升不大于20℃	预防性维护	年
24	输入输出配电柜	电气连接	引线及端子的接触情况，检查馈电母线、电缆及软连接头等各连接部位的连接是否可靠	各接头处无氧化，接触良好、无松动	预防性维护	年
25		断路器整定	检查记录电流和时间整定值	上下级整定应合理，满足当前使用需求	预防性维护	年

3.6　直流系统维护

直流系统包括240V系统、336V系统、-48V系统。

直流（240V/336V）系统包括交流配电部分、高频开关整流模块、蓄电池组、直流配电部分、监控单元以及绝缘监测装置。

1．维护要点

（1）直流系统设备应放置在有空调的机房，宜保持10～30℃的机房温度及20%～80%的机房湿度。

（2）直流系统的工作环境应无腐蚀性、爆炸性和破坏绝缘的气体及导电尘埃，并远离热源。

（3）整流器、蓄电池组及配电部分各种引线及端子应接触良好、无锈蚀，馈电母线、电缆及软连接头等应连接可靠，导线应无老化、刮伤、破损等现象，布线应整齐。

（4）对直流开关进行更换时不得使用交流开关替代，开关耐压应满足直流耐压等级要求。

（5）不同负载不应并联在同一支路中使用。

（6）定期检查各元器件和部件的温升，应无异常发热现象。

2. 维护周期表

如表3-4所示为直流系统维护周期表。

表3-4 直流系统维护周期表

<table>
<tr><th>序号</th><th>维护对象</th><th>维护项目</th><th>维护内容</th><th>要求</th><th>维护类型</th><th>周期</th></tr>
<tr><td>1</td><td rowspan="3">环境巡视</td><td>照明环境</td><td>巡视电力室照明情况，应急照明状态指示</td><td>电力室内应光线充足、应急照明状态显示正常</td><td>日常巡视</td><td>4小时</td></tr>
<tr><td>2</td><td>维护环境</td><td>巡视电力室内环境状况</td><td>电力室内应干净整洁、无杂物存放</td><td>日常巡视</td><td>4小时</td></tr>
<tr><td>3</td><td>温度湿度</td><td>记录电力室温湿度计读数</td><td>直流系统设备应放置在有空调的机房，宜保持10～30℃的机房温度及20%～80%的机房湿度</td><td>日常巡视</td><td>4小时</td></tr>
<tr><td>4</td><td rowspan="3">状态巡视</td><td>运行指示灯</td><td rowspan="3">巡视电力室内直流系统设备指示灯状态</td><td>运行指示灯应“常亮”</td><td>日常巡视</td><td>4小时</td></tr>
<tr><td>5</td><td>状态指示灯</td><td>状态指示灯指示正常</td><td>日常巡视</td><td>4小时</td></tr>
<tr><td>6</td><td>告警或故障指示灯</td><td>告警或故障指示灯应“常灭”</td><td>日常巡视</td><td>4小时</td></tr>
<tr><td>7</td><td rowspan="4">交流配电</td><td>电压电流</td><td>记录仪表显示电压及电流</td><td>交流电压及电流无异常</td><td>日常巡视</td><td>4小时</td></tr>
<tr><td>8</td><td>电气连接</td><td>检查各处电气连接</td><td>各种引线及端子应接触良好、无锈蚀，母线、电缆及软连接头等应连接可靠，导线应无老化、刮伤、破损等现象</td><td>例行维护</td><td>月</td></tr>
<tr><td>9</td><td>温升检查</td><td>检查开关、线缆及各接头处温升</td><td>①接触处为无被覆层或搪锡时应不大于50℃，镀银或镀镍时应不大于60℃。
②可能触及的金属表面应不大于30℃，绝缘表面不应大于20℃。
③与前次测试结果相比应无明显变化</td><td>例行维护</td><td>月</td></tr>
<tr><td>10</td><td>仪表校正</td><td>对仪表进行校正</td><td>仪表电压显示值与实际值误差不大于1%，电流误差不大于5%</td><td>预防性维护</td><td>年</td></tr>
</table>

续表

序号	维护对象	维护项目	维护内容	要求	维护类型	周期
11	交流配电	电气联锁	检查两路交流电源输入的电气或机械联锁装置是否正常	联锁功能正常	预防性维护	年
12	整流器	均流度检查	记录各带载整流模块输出电流，计算不均流度	当负载为 50%～100%负载时，不均流度应不大于 5%	例行维护	季
13		模块清洁	清洁整流器的表面、进出风口、风扇及过滤网或通风栅格等	禁止在机房内进行模块清洁	预防性维护	年
14	直流配电	电压电流	记录仪表显示电压及电流	直流电压及电流无异常	日常巡视	4 小时
15		电气连接	检查各处电气连接	各种引线及端子应接触良好、无锈蚀，母线、电缆及软连接头等应连接可靠，导线应无老化、刮伤、破损等现象	例行维护	月
16		温升检查	检查开关、熔丝、线缆及各接头处温升	①接触处为无被覆层或搪锡时应不大于 50℃，镀银或镀镍时应不大于 60℃。 ②可能触及的金属表面应不大于 30K，绝缘表面不应大于 20K。 ③与前次测试结果相比应无明显变化	例行维护	月
17		仪表校正	对仪表进行校正	仪表电压显示值与实际值误差不大于 1%，电流误差不大于 5%	预防性维护	年
18		全程回路压降（在电池放电情况下，蓄电池组端电压与列头柜之间的电压差）	测量直流配电部分全程供电回路压降	240V 系统不应大于 12V 336V 系统不应大于 16.8V -48V 系统不应大于 3.2V	预防性维护	年

续表

序号	维护对象	维护项目	维护内容	要求	维护类型	周期
19	监控	历史告警	检查绝缘监测装置历史告警记录	应无异常绝缘告警记录	例行维护	季
20		电池管理	检查监控模块电池管理相关参数设置及功能	均、浮充电压，均充限流值，均充周期及持续时间，温度补偿系数等各项参数符合当前使用需求	例行维护	季
21		绝缘告警	将绝缘告警整定值设置为 28kΩ，分别在直流系统单极、双极接入 25kΩ、30kΩ 的电阻，观察绝缘监察装置动作响应情况及绝缘电阻值	绝缘监察装置应能测量出直流系统单极或两极绝缘下降和绝缘电阻数值，当低于整定值时应能发出告警信号	预防性维护	年

3.7　蓄电池组维护

数据中心蓄电池组一般由 2V、6V 或 12V 阀控密封铅酸蓄电池（VRLA）串联成为一组，以单组或多组并联形式向电源设备提供后备能源。

本规程适用于蓄电池组、电池连接条、电池开关（熔丝）的维护和管理。

1．维护要点

（1）蓄电池组维护通道内应布置绝缘垫。

（2）不同厂家、不同容量、不同型号的蓄电池严禁在同一系统中使用。

（3）阀控密封铅酸蓄电池在使用前不需进行初充电，但应进行补充充电。补充充电电压应按产品技术说明书规定进行。

（4）阀控密封铅酸蓄电池的均衡充电：一般情况下，阀控密封铅酸蓄电池组遇有下列情况之一时，应进行均充（有特殊技术要求的，以其产品技术说明书为准），充电电流不得大于 0.2C10。

① 浮充电压有两只以上低于 2.18V / 只。

② 搁置不用时间超过 3 个月。

③ 全浮充运行达 6 个月。

④ 放电深度超过额定容量的 20%。

⑤ 对于高压直流，均充时要考虑服务器输入过压保护问题（282V）。

（5）蓄电池的充电量一般不小于放出电量的 1.2 倍，当充电电流保持连续 3 个小时不再下降时，视为充电终止。

（6）蓄电池的浮充电压按照产品技术说明书要求设定，并注意温度补偿。一般情况下，浮充电压为 2.23～2.25V（25℃，2V 单体），在某个实际温度时的浮充电压 $U = U_o(25℃)+(25-t)\times0.003$ (t=环境温度)。

（7）浮充时全组各电池端电压的最大差值宜不大于 90mV（2V）、240mV（6V）、480mV（12V），内阻偏差宜不超过 15%。

（8）应定期进行电池容量测试及放电测试。

① 每年应做一次核对性放电试验，放出额定容量的 30%～40%。

② 建议每 3 年做一次容量试验。

③ 蓄电池放电期间，应按一定时间间隔记录单体电压、放电电流。

2. 维护周期表

如表 3-5 所示为蓄电池组维护周期表。

表 3-5　蓄电池组维护周期表

序号	维护对象	维护项目	维护内容	要求	维护类型	周期
1	环境巡视	照明环境	巡视电池室照明情况，应急照明状态指示	机房内应光线充足、应急照明状态显示正常	例行维护	月
2		维护环境	巡视电池室内环境状况	机房内应干净整洁、无杂物存放，无异味，通风	例行维护	月
3		温度湿度	记录电池室温湿度计读数	电池机房环境温度适宜，保持(25±5)℃	例行维护	月
4	状态巡视	外观	巡视电池外观	无破损、漏液、鼓胀、爬酸，极柱和连接条无腐蚀情况	例行维护	月
5		电压	确认面板显示电压正常	设备面板电池电压显示值与仪表实测值相差<±1%，应每月检测一次单体电压	例行维护	月

续表

序号	维护对象	维护项目	维护内容	要求	维护类型	周期
6	蓄电池组	设备清洁	清理电池表面灰尘	无明显灰尘	例行维护	季
7		全程压降	测量蓄电池到负载端的全程压降	240V 系统不应大于 12V， −48V 系统不应大于 3.2V	预防性维护	年
8		纹波电压测试	用万用表交流电压档测量纹波电压	浮充状态下整组、正负半组交流纹波电压测试，要求纹波电压<1%直流电压，	预防性维护	年
		核对性放电	进行电池放电测试	放出额定容量的 30%～40%，电池性能正常	预防性维护	年
9		容量测试	进行电池放电测试（电池在投运前应做一次容量测试，并保留单体电压、放电电流等测试数据）	放出额定容量的 80%，电池性能正常	预防性维护	三年
10	电池连接条	电气连接	按电池厂家规定的紧固力矩对极柱螺钉进行紧固力矩校验，查看接头处无异常	各接头处无氧化，接触良好、无松动	预防性维护	年
11		压降	测试电池连接条压降	蓄电池单体连接条放电时压降不应大于 10mV	预防性维护	年
12		温升	测量极柱及连接端子充放电时的温升	充放电时电池连接端子温升小于 50℃，无螺丝松动、局部打火痕迹	预防性维护	年
13	电池开关（熔丝）	电池开关（熔丝）	检查断路器、熔断器、电气连接等处温升	①放电时熔断器的温升应低于 80℃； ②与前次测试结果相比应无明显变化	预防性维护	年

3.8 故障分级与响应要求

通过前述日常巡视、例行维护、预防性维护、预测性维护的实施，可以最大限度地减少系统故障，提升系统可用性，但并不能完全避免故障的发生。不同故障的影响范围和程度是不一样的，即使是同一故障，在不同等级的数据中心，其影响范围和程度也不尽相同。因此，需要按照机房等级进行故障分级与响应要求。

3.8.1 故障定义

数据中心供配电系统故障是指由设备故障、人为误操作或外部环境引起的设备性能、功能不满足负荷使用需求，造成供电系统可用性指标下降或中断的现象。

3.8.2 故障分级与响应

如表 3-6 所示为数据中心供配点系统故障分级与响应表。

表 3-6 数据中心供配电系统故障分级与响应表

故障级别	故障级别定义	响应要求
重大故障	已造成机房局部或全部 IT 负载供电中断	5 分钟内完成通报，10 分钟之内完成紧急切换操作，保障 IT 负载供电恢复；6 小时之内完成设备的故障处理（需要更换大型备件的除外），恢复设备正常运行状态
严重故障	未造成 IT 负载中断，但系统的冗余或容错能力下降	10 分钟内完成通报，现场有库存的备件，12 小时之内完成更换，消除设备故障，恢复系统的冗余或容错能力；未配置的配件，5 个工作日内购置到货，到货后 12 小时内更换
一般故障	未造成 IT 负载中断，若不处理，可能对系统的冗余或容错能力造成影响	30 分钟内完成通报，技术支持人员需 24 小时内对告警进行消除，并查找设备告警原因，避免相同告警重复出现

常见重大故障如表 3-7 所示。

表 3-7　数据中心数据中心供配电系统常见重大故障

设备类型	故障名称
UPS	主旁切换或并机切换时负载中断
UPS	输出开关跳闸或误操作导致负载中断
UPS	EPO 误操作导致负载中断
UPS	母排短路导致负载中断
UPS	单机故障导致负载中断
直流电源	输出熔丝断导致负载中断
直流电源	输出开关跳闸导致负载中断
直流电源	母排短路导致负载中断
直流电源	输出过压或欠压导致负载中断

常见严重故障如表 3-8 所示。

表 3-8　数据中心数据中心供配电系统常见严重故障

设备类型	故障名称
变压器	运行中跳闸
电力电源	充电模块故障
电力电源	直流过压
电力电源	直流欠压
电力电源	馈电输出跳闸
柴油发电机	无法正常启动
柴油发电机	机组并机功能失效
柴油发电机	机组突加载性能不满足当前负荷需求
柴油发电机	运行过程中冒黑烟
柴油发电机	冒蓝烟或冒白烟
柴油发电机	转速过低
UPS	旁路供电
UPS	电池熔丝断
UPS	整流器故障
UPS	逆变器故障
UPS	零地电压超标
UPS	防雷器故障
直流电源	交流停电

续表

设备类型	故障名称
直流电源	整流模块故障
直流电源	输出低压
直流电源	防雷器故障
电池	电池组开路
电池	电池鼓胀、漏液
电池	电池容量下降过快

常见一般故障如表 3-9 所示。

表 3-9　数据中心数据中心供配电系统常见一般故障

设备类型	故障名称
变压器	声音异常
变压器	温度异常
变压器	电气连接处有过热痕迹
变压器	风机声音异常
电力电源	充电模块不均流
电容补偿柜	三相电流不平衡
电容补偿柜	控制屏无显示
电容补偿柜	连接导线发热
电容补偿柜	功率因数较低情况下电容不补偿
UPS	旁路超跟踪/旁路超保护
UPS	后台监控通信故障
直流电源	系统通信故障
直流电源	监控单元显示故障
直流电源	整流模块通信故障
直流电源	系统不均流
电池	单体内阻值异常
电池	浮充单体电压偏低
电池	浮充单体电压偏高
电池	浮充压差大

3.9　系统运行优化

供配电系统的安全运行直接关系到数据中心整体可靠性指标，应作为日常基础工作的重点。运维人员在日常运维工作中除了供配电设备本身的维护管理外，也应同时重点从安全和节能的角度关注整个系统运行状态和运行参数。

供配电系统安全与节能运行管理主要包含如下两项：

（1）日常运行管理提升，如系统选择性保护管理、三相负荷管理、负荷分级投入、供电质量检测、系统切换逻辑验证、系统单点故障排查等。

（2）系统效率检测与提升，如 PUE 检测、模块休眠、工作模式等。

如表 3-10 所示为供配电系统安全与节能运行管理类别表。

表 3-10　供配电系统安全与节能运行管理类别表

序号	运行管理类别	类别相关项	各项细分	状态参数	运行管理	
					运行是否正常	有无优化空间
1	运行提升	选择性保护管理	主路开关保护值整定			
2			主路开关延时整定			
3		三相负荷	变压器三相负荷平衡性			
4			UPS 三相负荷平衡性			
5			HVDC 三相负荷平衡性			
6		负荷分级投入	ATS 切换延时			
7			设备启动延时			
8			同一变压器不同负荷投入设定			
9		供电质量监测	输入电压及压降			
10			输入电流			
11			输入频率			
12			输入功率因数			
13			输入电压谐波			
14			输入电流谐波			
15			输入电压不平衡度			
16		系统切换逻辑	主路开关互锁设定			
17			ATS 切换逻辑			
18		系统单点故障排查	设备单点故障			
19			线路单点故障			

续表

序号	运行管理类别	类别相关项	各项细分	状态参数	运行管理	
					运行是否正常	有无优化空间
20	能效提升	PUE 检测	数据中心 PUE 值			
21			供电能效因子（PLF）			
22		设备带载率	变压器带载率			
23			UPS 带载率			
24			HVDC 带载率			
25			自然冷板换出口温度			
26		工作模式	模块休眠模式			
27			UPS ECO 模式			
28			市电直供模式			

3.10 常用工具与仪器

如表 3-11 所示为供配电系统常用工具与仪器表。

表 3-11 供配电系统常用工具与仪器表

序号	类别	工具名称	规格
1	班组共用	交、直流钳形电流表	交直流测量，±2%，真有效值
2		数字万用表	4 位半
3		红外成像仪	测量范围不小于-20～350℃ 灵敏度 0.1℃ 像素 180×180 以上
4		红外点温计	测量范围不小于-20～200℃，±2%或±2℃
5		电能质量分析仪	电压等级 600V rms, CAT Ⅲ 基波：VA（±3%+2 个字） 2～31 次谐波 VA(±5%+2 个字)
6		便携式示波器	电压等级 600V rms, CAT Ⅲ 带宽≥20MHz
7		接地电阻测试仪	CAT Ⅲ 分辨率：0.01Ω 精确度： 20Ω量程内±2%rdg±0.1 Ω

续表

序号	类别	工具名称	规格
8	班组共用	兆欧表	±0.5%读数
9		电池内阻测试仪	分辨率：内阻 1μΩ 电压 1mV 测量精度： 内阻±1.0%rdg ±5dgt 电压±0.2%rdg　±5dgt
10		电池容量测试仪	控制精度：放电电流≤±1%； 检测精度：组端电压≤±0.1%；单体电压：≤±0.5%
11		手持式应急探照灯	
12		相序表	
13		寻线仪	
14		比重计	
15		对讲机	
16		标签打印机	
17		吸尘器	
18		抽水泵	
19		碎纸机	
20		卷盘插线盘	
21		服务器电源检测仪	
22		工具箱/柜	
23	安全防护	安全隔离警示带	
24		挂牌上锁	
25		绝缘鞋/靴	
26		绝缘手套	
27		绝缘拉杆	
28		绝缘垫	
29		接地线	
30		高压验电器	
31		低压试电笔	500V

第4章 空调与制冷系统维护

空调与制冷系统介绍/基本要求/冷冻水型制冷系统维护/直接膨胀式空调维护/新风自然冷系统维护/普通空调系统维护/故障分级与响应要求/系统运行优化/常用工具仪器

4.1 空调与制冷系统介绍

机房空调与制冷系统分为冷水系统、直接膨胀式、新风自然冷却系统和普通空调系统，如图 4-1 所示。冷水系统包含冷源侧、管网系统和末端侧；直接膨胀式制冷包含风冷式、水冷式和氟泵式；新风自然冷却系统包含风墙、湿膜新风、智能新风等；普通空调系统主要包含普通分体/柜式空调、新风机、加湿机等。

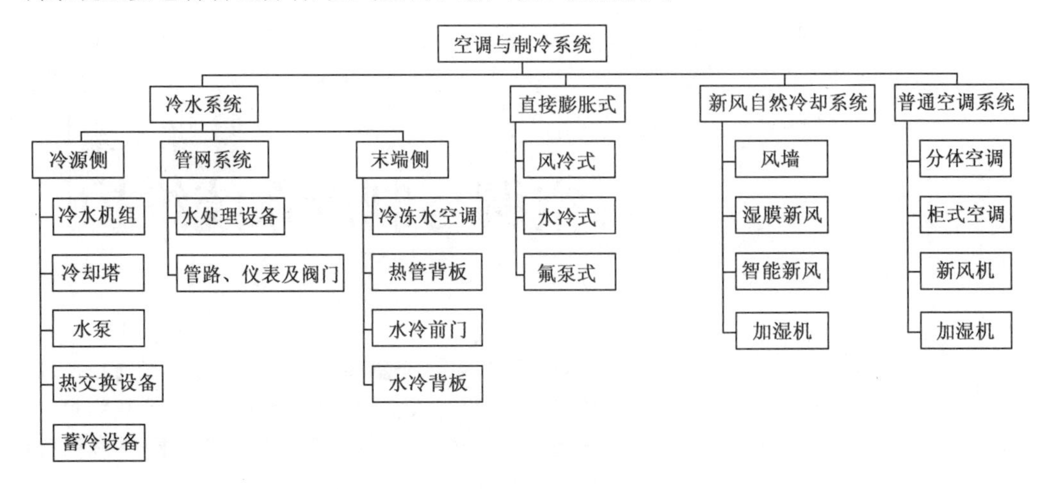

图 4-1 空调与制冷系统结构示意图

机房空调与制冷系统的维护界面一般含制冷系统内所有管路（市政公用管网以后）、设备及其配套设施。

4.2 基本要求

（1）所有维护操作必须保证人身安全和机房安全。维护前，应穿戴好安全工作服、安全鞋、安全手套等防护用品。在维护过程中，如发现有危及人身安全的隐患，应立即停止作业。

（2）维护人员应熟悉和遵守工作中所涉及的国家标准和法规，持证上岗，需接受专业技术和安全培训，经岗前培训合格后方可进行作业。

（3）维护操作前，应仔细阅读操作说明书，确保已理解厂商手册或说明书中包含的操作步骤和安全预防措施，遵守禁止事项、作业要领；同时应熟悉工程现场环境，防止交叉作业时发生事故。

（4）机组维护作业空间通畅，登高作业应有防护措施。在垫高物或梯子上进行维护时，垫高物应绝缘和稳定，并有人员辅助。危险区域应有警示标志和围护隔离措施，危险操作必须有应急措施和安全救护措施。

（5）涉及切割、焊接等特殊作业的，操作人员（焊接、制冷、登高、电工等）必须具有相应资质并遵守场地安全要求；当机组内储有制冷剂时，不应焊接或切割制冷剂管路。

（6）在进行电气检查前，需佩戴绝缘手套等个人防护用品，并确保所有工具或测试仪表绝缘良好；冷机配电柜前方应铺设绝缘垫。

（7）维护操作时必须穿戴长袖防护手套及防护眼镜，避免皮肤直接接触制冷剂与润滑油，防止烫伤、冻伤与灼伤。

4.3 冷冻水型制冷系统维护

4.3.1 冷源侧维护

冷源侧包含冷水机组、冷却塔、水泵、热交换设备及蓄冷设备。

1. 冷水机组维护

冷水机组包括压缩机、蒸发器、冷凝器、节流装置、管路及附件、控制及电气系统。按压缩机类型分类，冷水机组分为离心式、螺杆式和涡旋式等。按冷却方式分类，冷水机组分为风冷式和水冷式。按工作电压分类，冷水机组分为中/高压冷水机组和低压冷水机组。

（1）维护要点

①机组正常运行时，非专业人员禁止随意拆卸或调整系统管路阀门、电路系统和微电脑控制器。

②机组安全装置器件应定期检查和校准，以确保安全。

③机组在平衡制冷剂压力时冷却水/冷冻水应保持循环通畅，防止制冷剂平衡过程

中机组冻裂。

④维护过程中不应短接水流丢失开关，排气温度保护开关，高、低压保护开关等安全装置，否则保护失效，机组可能会损坏。

⑤冬季机组长时间停机时，应采取防冻措施避免冻裂。

⑥机组长时间停机时不能断电。

⑦制冷剂、冷冻油应依据法规回收或实施处理，不应直接排放到环境中。

⑧维护操作结束后，应将温度、湿度等重要参数设定值调回到原设定值。

（2）维护内容

如表 4-1 所示为冷水机组维护周期表。

表 4-1　冷水机组维护周期表

序号	维护对象	维护项目	维护内容	要求	维护属性	周期
1	环境及外观	周围环境	清洁机组周围环境	周围 2m 范围内无杂物及遮挡	日常巡视	4 小时
2		机身清洁	清洁机身灰尘及油渍	机身无灰尘油渍，表面洁净	日常巡视	4 小时
3		环境温度（室温）	测量机组运行环境温度	参考厂家指标	日常巡视	4 小时
4	压缩机	运行电流	检测并记录压缩机运行电流	不应超过额定电流的±10%	日常巡视	4 小时
5		运行电压	检测并记录压缩机运行电压	不宜超过额定电压的±10%	日常巡视	4 小时
6		排气压力	测量或读取压缩机排气压力	参考厂家指标	日常巡视	4 小时
7		吸气压力	测量或读取压缩机吸气压力	参考厂家指标	日常巡视	4 小时
8		排气温度	测量或读取压缩机排气温度	参考厂家指标	日常巡视	4 小时
9		运行噪声	听压缩机运行时的声音	运转的声音无明显异常	日常巡视	4 小时
10		密封状况	检查压缩机各连接处的密封情况	各连接处无油渍，确保无泄漏	日常巡视	4 小时
11		电机绕组	查看电机绕组发热	电机绕组发热应小于105℃	预防性维护	月
12		滑阀（螺杆）位置	查看停机时的滑阀位置	停机时滑阀不宜在30%以上，运行时根据负荷大小调整	预防性维护	季

续表

序号	维护对象	维护项目	维护内容	要求	维护属性	周期
13	压缩机	导叶（离心）	检查导叶运行是否流畅	停机状态下手动调整导叶执行机构，导叶运行流畅	预防性维护	季
14		电机绝缘	兆欧表检测电机绝缘情况	三相交流 380V 时应＞1MΩ；3000V、6000V 时应＞5MΩ；10000V 时应＞10MΩ（GB18430.1）注：禁止带电，启用备机	预测性维护	年
15		振动测试	振动测量仪对压缩机各轴承所在位置附近进行振动测试	检测冲击点的振幅来判断轴承内滚动动作及滚道间的碰撞情况，振幅应≤0.05mm	预测性维护	年
16	回油系统	冷冻油含量	检查机组油分器（螺杆）或油镜中的油位	油位应在油视镜的 1/2 以上	预防性维护	月
17		油加热器	检查油加热器的工作状态是否正常	查看油温，应满足厂家指标，油温降低和达到温度点后油加热器可正常动作	预防性维护	月
18		油过滤器	查看油过滤器压差或油压下降	压差大于 2bar 或油压下降到 30%以下时，应更换过滤器（芯）	预防性维护	季
19		冷冻油成分	颜色、酸度、水分及金属含量是否正常	润滑油颜色应清亮透彻，出现浑浊、颜色异样时应检测或按厂家指标的量更换冷冻油	预测性维护	2 年
20		喷射器管嘴	检查喷射器的管嘴是否有异物	清理喷射器管嘴异物，保证喷油通畅	预测性维护	年
21	蒸发器	冷冻水进/出水温	查看冷冻水进/出口温度	参考场地设定标准	日常巡视	4 小时
22		冷冻水进/出水压	查看冷冻水进/出口压力	参考场地设定标准	日常巡视	4 小时
23		端盖密封	检查蒸发器端盖处有无漏水现象	必要时拆卸端盖，更换密封垫	日常巡视	4 小时
24		蒸发器换热效果	根据运行记录参数分析蒸发器换热效果及结垢情况	当吸气压力的热饱和温度和冷冻水出水温度的差值大于 2.7℃时，结垢严重，宜清洗蒸发器	日常巡视	4 小时

续表

序号	维护对象	维护项目	维护内容	要求	维护属性	周期
25		机组水质	检测冷冻水水质	参考国标 GB/T 18430 要求	预防性维护	月
26		温度压力传感器	检查蒸发器相关温度压力传感器是否检测正常、准确	定期校检传感器的准确性	预防性维护	月
27	冷凝器	冷凝器风扇（风冷）	检查冷凝器风扇运行状况	运行平稳，无异常噪声	日常巡视	4 小时
28		冷凝器翅片（风冷）	清洁冷凝器翅片	无积灰、无杂物阻挡	日常巡视	4 小时
29		冷凝器换热效果	根据运行记录参数分析冷凝器换热效果及结垢情况	当排气压力的热饱和温度和冷却水出水温度的差值大于 2.7℃时，结垢严重，宜清洗冷凝器	预防性维护	4 小时
30		冷却水进/出水温	查看冷却水进/出口温度	参考场地设计标准	例行维护	周
31		冷却水进/出水压	查看冷却水进/出口压力	参考场地设计标准	例行维护	周
32		冷却水水质	检测冷却水水质	参考 GB/T 18430 规范要求	预防性维护	季
33	自然冷盘管	泄漏检查	检查盘管表面是否有锈蚀情况，接头处是否存在跑、冒、滴、漏现象	表面无锈蚀，接头无泄漏	预防性维护	月
34		状态检查	检查进出水温度和压力是否正常	参考设计标准	预防性维护	月
35		外部清洗	采用高压水枪清洗盘管表面的积灰和杂质	目测表面清洁无积灰	预防性维护	季
36		内部清洗	清洗换热盘管内部的水垢、淤泥和腐蚀物	药剂的选择参考厂家要求	预防性维护	年
37		性能测试	测试自然冷盘管的换热能力	衰减不宜超过 80%	预测性维护	2 年
38	节流装置	膨胀阀连接	检查膨胀阀连接是否泄漏	检查连接处有无油迹	例行维护	周
39		压力/温度采集	检查膨胀阀压力温度传感器采集是否正常，采集值是否精确	精度更高的传感器或测量仪器校准，实测值和校准值一致	预防性维护	月
40		感温包（热力膨胀阀）	检查感温包的绑扎固定及保温是否可靠	感温包紧贴管壁绑扎，外部保温良好	预防性维护	月

续表

序号	维护对象	维护项目	维护内容	要求	维护属性	周期
41		取压管（热力膨胀阀）	检查取压管固定绑扎是否良好	取压管固定良好，与其他器件及管路无摩擦、接触	预防性维护	月
42	检测及保护装置	水流开关	查看水流开关状态	水流开关正常且动作点与设计值一致	日常巡视	4 小时
43		热保护器	检查热保护的状态及动作是否正常	热保护器等各种保护装置核对整定参数	预防性维护	月
44		温度/压力检测器件	检测及校正温度/压力表或传感器	面板校正动作点与实测值一致	预测性维护	年
45		高压开关（如有）	检测及校正高压开关	手动校正动作点与设计值一致	预测性维护	年
46		油压调节阀（离心）	检测及校正油压调节阀	手动校正动作点与设计值一致	预测性维护	年
47		安全阀	安全阀状态正常	安全阀定期校检阀体部无腐蚀杂质，如失效则更换	预测性维护	年
48	电气控制	操作面板	检查及调节操作面板	外观及显示正常	日常巡视	4 小时
49		运行状态	检查各指示灯状态及告警信息	各器件指示灯正常，无告警	日常巡视	4 小时
50		供电电源	查看机组供电电源	不超过额定电压的±10%	日常巡视	4 小时
51		电气线路	检查电气线路绝缘及保护	线路绝缘良好，无破损	预防性维护	月
52		电气清洁	清洁配电柜、控制柜等	电控盒内表面及触点无积灰，无打火痕迹	预防性维护	月
53		各电器元件	检查电箱内各电器元件的触点状态	各器件触点干净无灼伤、氧化痕迹	预测性维护	年
54		接线端子	检查所有接线端子并紧固所有接线端子	触点干净，无灼伤氧化物，接线手拽不松脱	预测性维护	年
55		控制板	检查控制板形状与功能	形状与功能完整	预测性维护	年
56		机组设定点	检查操作设置点	参考设计标准或厂家指标	预测性维护	年

续表

序号	维护对象	维护项目	维护内容	要求	维护属性	周期
57		电气发热	用热成像仪甄别发热、绝缘等异常区域	端子或器件与环境温度之间的温升应<50℃（YT D1970）	预测性维护	年
58	附件及其他	冷媒视镜	观察冷媒视镜内冷媒流量	视液镜内冷媒流量无明显不足（大量气泡）	日常巡视	4 小时
59		各管接头	管接头是否存在漏水现象	无明显漏水、漏油的痕迹	日常巡视	4 小时
60		各部件固定	各器件底脚固定、支撑及减震是否良好	紧固无松动，支撑可靠，减震装置正常	例行维护	周
61		噪声	检查机组运行噪声	应按 JB/T 4330 测量机组噪声声压级，测量值均应不大于机组明示值	预防性维护	月
62		干燥器	检查干燥器视镜颜色	如果视镜颜色变黄，则更换干燥器	预防性维护	月
63		电磁阀	查看电磁阀是否正常	电磁阀可正常开闭，线圈与阀杆固定良好	预防性维护	月
64		系统泄漏	进行泄漏检查，找出泄漏处并进行修理	有油迹处用肥皂水检查，有气泡说明有泄漏；或使用检漏仪检查	预防性维护	季
65		制冷剂成分	抽样进行制冷剂成分检测	酸度、水分是否正常，决定是否更换	预测性维护	年
66		冷媒管探伤	检测冷媒管健康状况	根据检测结果甄别故障隐患及类型（比如管内外的磨损、腐蚀、破裂、异物等）评估是否更换	预测性维护	3 年

2. 冷却塔维护

冷却塔包括给排水部分、塔体、散热单元、风机及其电动机、皮带、减速机构、控制系统等。按水和空气的接触方式分类，冷却塔分为闭式冷却塔和开式冷却塔。

（1）维护要点

①塔体各部位贴有警告标贴、注意标贴，应遵守标贴内容。冷却塔运行时严禁进入

冷却塔内，严禁爬到塔体上部。

②冷却塔风机维护应确保在断电的情况下进行。

③进行冷却塔填料清洗时，应做好个人防护。

（2）维护内容

如表 4-2 所示为冷却塔维护周期表。

表 4-2　冷却塔维护周期表

序号	维护对象	维护项目	维护内容	要求	维护类型	周期
1	给排水部分	运行检查	查看进出水水温、温差	满足场地设定标准	日常巡视	4 小时
2			检查集水盘水位	无吸空和溢流现象	日常巡视	4 小时
3		给排水部分维护	查看补水箱液位，是否漏水，进出水管阀门状态	水箱及周边接管无泄漏，进出水阀门打开，排污阀关闭	日常巡视	4 小时
4			检查补水箱底部支架固定情况、水箱内部脏堵情况、接管阀门动作情况	水箱固定良好，底座无锈蚀松脱，水箱溢流口、排水口、排污口无堵塞，自动补水阀门动作灵活可靠	例行维护	周
5			检查浮球阀、补水管、集水盘、溢流管、排污管有无跑、冒、滴、漏现象	浮球固定正常，打开排污阀，检查浮球阀进水动作是否正常，无锈死	例行维护	周
6			检查阀门状态及动作情况	手动补水阀门常闭，自动补水阀门常开，排污管阀门常闭，阀门动作应灵活可靠，如果需要阀杆，应加润滑油	预防性维护	月
7			水塔各部分清洁	清理出水管、溢流管、排水管、塔盘和集水槽底部淤泥和杂质	预防性维护	月
8	塔体	塔体部分维护	检查冷却塔基础和塔体框架固定情况	连接无松脱、无变形、无腐蚀，紧固螺钉，腐蚀的地方除锈并进行防腐处理或更换生锈螺栓	预防性维护	月
9			塔体外观检查	检查塔体、进风百叶窗外观有无破损、裂纹，如有应及时予以修补。检查塔体、壁板、立缝等处是否密封严密，必要时重新刷胶修补	预防性维护	季
10			检查检修门和扶梯	检修门常闭，扶梯固定正常	预防性维护	月
11	步水器和散热填料	散热部分维护	检查布水器和散水盘	出水正常，无堵塞，布水均匀，如不均匀，应用配水阀或配管的阀门来调节。如有破损，应进行更换	预防性维护	月

续表

序号	维护对象	维护项目	维护内容	要求	维护类型	周期
12			清洗布水器和散水盘	目视无可见脏物	预防性维护	月
13			在线清洗散热填料	高压水枪清洗填料表面	预防性维护	月
14			离线清洗散热填料	拆下填料，用药水浸泡于专用清洗槽内	预防性维护	年
16	电动机	电动机维护	检查电动机固定是否正常	无明显异响和振动	日常巡视	4小时
15			测量电动机运行电压和电流	电压：额定电压≤±10%；电流：≤额定电流，三相电流不平衡≤10%（JB/T 5269-2007）	例行维护	周
17			检测电动机对地绝缘电阻	绝缘阻值应大于1MΩ（GB755-87）	预防性维护	月
18			检查电动机轴承磨损情况	手动转动无明显摩擦、磨损	预防性维护	半年
19			电动机轴承润滑	按厂家要求的牌号选择润滑油或润滑脂	预防性维护	半年
20			轴承温度测试	利用红外热成像仪或测温计测量轴承工作温度，与环境的温升不超过40℃，最高工作温度不应超过80℃（JB/T 6439-1992）	预防性维护	年
21	皮带	皮带维护	检查皮带的松紧度和磨损情况	外观无裂痕及异常磨损，无打滑，无异常抖动	预防性维护	月
22			皮带更换	更换开裂和磨损严重（打滑）的皮带	预防性维护	季
23	传动机构	皮带轮维护	检查皮带轮固定是否正常	固定正常，无明显异响和振动	预防性维护	月
24			校核皮带轮和电动机架的水平度	参考厂家指标	预防性维护	季
25		减速机构维护	检查减速机构固定是否正常，有无明显异常和振动	参考厂家指标	预防性维护	月
26			检查轴承磨损情况	如点蚀严重需更换	预防性维护	半年
27			添加润滑油/润滑脂	按厂家要求的牌号选择润滑油或润滑脂	预防性维护	半年
28			轴承温度测试	利用红外热成像仪或测温计测量轴承工作温度，不应超过80℃（JB/T 6439-1992）	预防性维护	年
29			检查同轴对准，包括空隙、角度偏差、平行偏差	参照厂家指标	预防性维护	年

续表

序号	维护对象	维护项目	维护内容	要求	维护类型	周期
30	风机	风机维护	检查风机固定是否正常	风机固定螺栓紧固，运行无明显异常和振动	预防性维护	月
31			检查叶片外观与角度	无变形、裂缝，角度尺校验各叶片角度一致	预防性维护	月
32	控制柜	控制柜维护	外观检查	外观整洁、无破损和变形，指示灯状态正常	日常巡视	4 小时
33			器件和接线检查	接头紧固，线缆固定正常，柜内空气开关、接触器、继电器完好	日常巡视	4 小时
34			功能测试	控制按钮切换正常，指示灯状态正常	预防性维护	月
35			内部清洁	清理散热风扇吸风口和柜内灰尘	预防性维护	月
36			散热风扇	可正常运转	预防性维护	月
37	自循环泵	自循环泵部分维护（闭塔）	检查水泵进口管上过滤器前后压差	根据场地具体过滤器目数参考过滤器标准	日常巡视	4 小时
38			检查水泵工作电压、电流	电压：额定电压±10%；电流：≤额定电流，三相电流不平衡≤10%（JB/T 5269-2007）	日常巡视	4 小时
39			检查泵体、接头部分无泄漏	泄漏量小于 10 滴/分钟	日常巡视	4 小时
40			水泵底座固定	底座固定连接可靠	预防性维护	月
41			检查底座支架的锈蚀情况	锈蚀部分除锈，并重新刷一遍防锈漆	预防性维护	半年
42			底座、进出水管减振器状态	减震器完好，无异常形变	预防性维护	月
43			底座水平度	测量底座的水平度，重新调整紧固减震器	预防性维护	半年
44			检查软接头	无吸瘪和变形	日常巡视	4 小时
45			检查法兰接口	垫片完好，法兰对接螺丝无松动	预防性维护	月
46			检查过滤网锈蚀情况及清洁	如网孔破损面积超 10%，应立即更换，清洗水泵入口过滤网	预防性维护	季
47			检查叶轮气蚀情况	如蚀穿或缺损应进行更换	预防性维护	年
48			检查蜗壳锈蚀情况	泵壳及机座涂防锈漆，如蚀穿或缺损则进行更换	预防性维护	季
49			检查接线及连接片是否紧固	手拽无松脱，若松脱则应紧固	预防性维护	月

续表

序号	维护对象	维护项目	维护内容	要求	维护类型	周期
50	自循环泵		检查水封的磨损情况	轴封漏水不超过10滴/分钟，且不呈连线状滴落于地面，必要时进行更换	预防性维护	季
51			添加润滑脂	连续运行两年以后，每年需加润滑脂一次，牌号参考厂家指标	预防性维护	年
52			轴承温度测试	利用红外热成像仪或测温计测量轴承工作温度，与环境的温升不超过40℃，最高工作温度不应超过80℃	预防性维护	年
53	换热盘管	换热盘管部分维护（闭塔）	接头是否有泄漏	接头无跑、冒、滴、漏	日常巡视	4小时
54			检查换热器底座支架、进出水管	如松动紧固相应螺栓、法兰片，进出水管有支持且固定良好	预防性维护	月
55			使用专业药剂和设备清洗换热盘管表面	参考厂家指标	预防性维护	季
56	整体性能	性能测试	测量风量、水量、进风湿球温度、冷却水进出水温度，与初始性能进行比较	机组效率不宜低于80%	预测性维护	年

3. 水泵维护

如表4-3所示为水泵维护内容周期表。

表4-3　水泵维护内容周期表

序号	维护对象	维护项目	维护内容	要求	维护类型	周期
1	外观及运行状态	状态检查	检查水泵进口管上过滤器前后压差	根据场地具体过滤器目数参考过滤器标准	日常巡视	4小时
2			检查水泵进出水压力	参考场地标准	日常巡视	4小时
3			检查水泵工作电压、电流、频率	电压：额定电压±10%；电流：≤额定电流，三相电流不平衡≤10%（JB/T 5269-2007）	日常巡视	4小时
4		泄漏检查	检查泵体、接头部分无泄漏	泄漏量小于10滴/分钟	日常巡视	4小时

续表

序号	维护对象	维护项目	维护内容	要求	维护类型	周期
5		紧固检查	水泵底座固定	底座固定连接可靠	例行维护	月
6			检查底座支架的锈蚀情况	锈蚀部分除锈，并重新刷一遍防锈漆	预防性维护	半年
7	减震部分	减振检查	底座、进出水管减振器状态	减震器完好，无异常形变	例行维护	月
8			底座水平度	测量底座的水平度，重新调整紧固减震器	预防性维护	半年
9	附件及其他	附件部分维护	检查软接头	无吸瘪和变形	日常巡视	4 小时
10			检查法兰接口	垫片完好，法兰对接螺丝无松动	例行维护	月
11			检查压力表和温度计指示状态	如表盘内部漏水、锈蚀严重、指针指示异常，应进行更换	例行维护	月
12			阀门状态检查	检查阀门状态是否正常，接头是否渗漏，阀杆无变形，内部无异响	例行维护	月
13			检查过滤器锈蚀情况及清洁	清洗水泵入口过滤器，如网孔破损面积超 10%，应立即更换	预防性维护	季
14			检查阀门动作	阀门转动灵活，转动部件加润滑油	预防性维护	季
15			检查止回阀的密闭性	水泵停机情况下，叶轮不应转动	预防性维护	季
16	泵体	泵体部分维护	检查叶轮气蚀情况	如蚀穿或缺损，应进行更换	预防性维护	年
17	电动机	电动机部分维护	检查接线及连接片是否紧固（绝缘测试、季度）	手拽无松脱，若松脱，则应紧固	例行维护	月
18			相序检查	点动备用或停用的水泵，确保运转方向正常	例行维护	月
19			检查散热风扇	转向正常，无异响，清理进风口处的灰尘	例行维护	月

续表

序号	维护对象	维护项目	维护内容	要求	维护类型	周期
20	传动部分	传动部分维护	检查联轴器保状态	联轴器保护板固定正常，轴承、轴套无异响	例行维护	月
21			检查联轴器间隙宽度和水平偏移量	符合厂家指标	预防性维护	季
22			检查联轴器、轴承、轴套的磨损情况	压盖与轴套的直径间隙为0.75～1.00mm，压盖与密封腔间的垫片厚度为1～2mm，必要时进行更换或修理	预防性维护	季
23			检查水封的磨损情况	轴封漏水不超过10滴/分，且不呈连线状滴落于地面，必要时进行更换	例行维护	季
24			添加润滑脂	连续运行两年以后，每年需加润滑脂一次，牌号参考厂家指标	预防性维护	2年
25			轴承温度测试	利用红外热成像仪或测温计测量轴承工作温度，与环境的温升不超过40℃，最高工作温度不应超过80℃（JB/T 6439-1992）	预测性维护	年
26	控制柜	控制柜部分维护	外观检查	外观整洁、无破损和变形，指示灯状态正常	例行维护	月
27			内部器件和接线检查	接头紧固，线缆固定正常，柜内空气开关、接触器、继电器完好	例行维护	月
28			控制柜功能测试	控制按钮切换正常，指示灯状态正常	例行维护	月
29			内部灰尘清理	清理散热风扇吸风口和柜内灰尘	例行维护	月
30			散热风扇工作状态检查	可正常运转	例行维护	月

4. 热交换设备维护

如表4-4所示为热交换设备维护周期表。

表 4-4　热交换设备维护周期表

序号	维护对象	维护项目	维护内容	要求	维护类型	周期
1	壳管换热器	泄漏检查	接头是否有泄漏	浮头盖、垫圈、外头盖、接管等及其密封面正常，接头无跑、冒、滴、漏	日常巡视	4小时
2		紧固检查	检查换热器底座支架、进出水管	如松动紧固相应螺栓、法兰片，进出水管有支持且固定良好	预防性维护	月
3		外观检查	检查壳体保温和防腐	如有受损，应涂防锈漆或重新保温至修复完好	预防性维护	月
4		易熔塞检查	检查易熔塞是否正常	易熔塞定期校检阀体部无腐蚀杂质，如失效则应更换	预防性维护	半年
5		调节阀校核	检查调节阀手动调节和自动调节功能	调节阀手动调节装置灵活无锈死，改变冷凝压力，观察调节阀可自动调整开度	预防性维护	半年
6		内部清洗	利用通泡或药剂清洗换热器内部的污垢	利用通泡或药剂定期清洗	预防性维护	年
7	板式换热器	外观检查	检查生锈及泄漏情况	压紧螺帽和导杆无生锈，板片压接处和接头是否有跑、冒、滴、漏现象，板片表面是否有裂纹或砂孔	预防性维护	月
8		运行状态检查	检查两侧流体的进出水温度和压力值是否正常	参考设计标准	预防性维护	月
9		外部清洁	承载杆和导轨螺纹内部清洁	用高压水枪清洗，参考厂家指标	预防性维护	季
10		润滑检查	板式热交换器润滑检查	板式热交换器压紧螺帽与上下导杆，加润滑油脂进行润滑	预防性维护	季
11		内部清洗	使用专业药剂和设备进行在线清洗或将板片松开进行停机清洗	参考厂家指标	预防性维护	年
12		换热性能测试	测试板式换热器的性能	衰减不能超过85%，否则，应增加板片恢复性能	预测性维护	2年

5. 蓄冷设备维护

（1）维护要点

①保持数据机房内部环境清洁，布置整齐，蓄冷罐干净清洁，标识清楚。

②蓄冷罐在使用时，要制定操作规程和巡回检查维护制度，并严格执行。蓄冷罐的相关仪器的运行温度要保持在规定温度下。

③无照明条件不得进入储罐内作业，严禁携带一切火种进入储罐内进行防腐施工。

④进行蓄冷罐维护时，应规范操作，高空作业时注意安全，防止意外发生。

⑤每次进行蓄冷罐维护后，要做好运维记录。

⑥当蓄冷罐发生以下现象时，操作人员应按照操作规程采取紧急措施，并及时报告相关部门。

- 蓄冷罐基础下部发现渗水。
- 蓄冷罐罐底翘起或设置锚栓的低压储罐基础环墙（或锚栓）被拔起。
- 蓄冷罐罐体发生裂缝、泄漏、鼓包、凹陷等异常现象，危机机房安全。

（2）维护内容

如表 4-5 所示为蓄冷设备维护周期表。

表 4-5　蓄冷设备维护周期表

<table>
<tr><th>序号</th><th>维护对象</th><th>维护项目</th><th colspan="2">维护内容</th><th>要求</th><th>维护类型</th><th>周期</th></tr>
<tr><td>1</td><td>工作状态</td><td>状态检查</td><td colspan="2">流向、流量、蓄冷量、释冷量、工作压力、工作温度、液位（开式）</td><td>参照运行指标</td><td>日常巡视</td><td>4 小时</td></tr>
<tr><td>2</td><td rowspan="6">罐体</td><td rowspan="6">罐体检查</td><td colspan="2">蓄冷罐外表面及周围环境的卫生是否清洁</td><td>蓄冷罐外表面洁净，周围无杂物及遮挡</td><td>日常巡视</td><td>4 小时</td></tr>
<tr><td>3</td><td colspan="2">基础、支座是否稳固可靠，无异常倾斜和下沉现象</td><td>罐体无振动，基础、支座稳固可靠，无异常倾斜和下沉现象</td><td>例行维护</td><td>月</td></tr>
<tr><td>4</td><td rowspan="4">开式罐</td><td>氮封装置（若有）</td><td>罐体管线、孔洞需封闭严密；氮气源需经常补充；相关阀门、压力表正常</td><td>预防性维护</td><td>年</td></tr>
<tr><td>5</td><td>液位传感器</td><td>液位传感器位置无偏移</td><td>日常巡视</td><td>4 小时</td></tr>
<tr><td>6</td><td>检查呼吸阀</td><td>接头无泄漏、阀门位置正常、开关操作灵活</td><td>预防性维护</td><td>季</td></tr>
<tr><td>7</td><td>检查浮球阀</td><td>浮球固定正常，无锈蚀、变形；密封性完好，进水动作正常</td><td>预防性维护</td><td>季</td></tr>
</table>

续表

<table>
<tr><th>序号</th><th>维护对象</th><th>维护项目</th><th colspan="2">维护内容</th><th>要求</th><th>维护类型</th><th>周期</th></tr>
<tr><td>8</td><td rowspan="9"></td><td rowspan="9"></td><td></td><td>拱顶</td><td>密封性良好</td><td>预防性维护</td><td>年</td></tr>
<tr><td>9</td><td rowspan="3">闭式罐</td><td>检查安全阀</td><td>安全阀无泄漏，阀口无腐蚀</td><td>预防性维护</td><td>季</td></tr>
<tr><td>10</td><td>检查排气阀</td><td>排气等阀门无渗漏、腐蚀</td><td>预防性维护</td><td>季</td></tr>
<tr><td>11</td><td>检查压力传感器（压力表）</td><td>压力传感器（压力表）套管无渗漏</td><td>预防性维护</td><td>季</td></tr>
<tr><td>12</td><td colspan="2">检查泄水、排气等阀门</td><td>泄水、排气等阀门无渗漏、腐蚀</td><td>预防性维护</td><td>季</td></tr>
<tr><td>13</td><td colspan="2">检查爬梯、踏板、护栏</td><td>牢固，无松脱</td><td>例行维护</td><td>月</td></tr>
<tr><td>14</td><td colspan="2">检查人孔</td><td>人孔密封面无腐蚀渗漏，螺栓齐全、紧固，无腐蚀</td><td>例行维护</td><td>月</td></tr>
<tr><td>15</td><td colspan="2">检查罐体与基础有无结露现象</td><td>罐体与基础无结露现象</td><td>日常巡视</td><td>日</td></tr>
<tr><td>16</td><td colspan="2">检查保护层</td><td>保护层无破损，无渗水</td><td>日常巡视</td><td>4 小时</td></tr>
<tr><td>17</td><td rowspan="3">电伴热</td><td rowspan="3">电伴热系统（选装）维护</td><td colspan="2">检查加热器各处固定螺母是否良好，端子接线是否紧固，线缆有无破损</td><td>紧固固定端子，线缆无破损绝缘良好</td><td>预防性维护</td><td>季</td></tr>
<tr><td>18</td><td colspan="2">检测电加热运行电流</td><td>运行电流参照厂家指标</td><td>预防性维护</td><td>季</td></tr>
<tr><td>19</td><td colspan="2">检查电控箱密闭性</td><td>电控箱应密闭、防潮、防水</td><td>日常巡视</td><td>4 小时</td></tr>
<tr><td>20</td><td rowspan="6">自控部分</td><td rowspan="6">自控部分维护</td><td colspan="2">温度、压力、流量、液位传感器校核</td><td>实测值与校验值一致</td><td>预防性维护</td><td>年</td></tr>
<tr><td>21</td><td colspan="2">控制箱</td><td>控制箱内器件齐全完好，控制系统正常运行</td><td>例行维护</td><td>月</td></tr>
<tr><td>22</td><td colspan="2">蓄冷功能测试</td><td>测试蓄冷功能正常，参考场地设计指标</td><td>预防性维护</td><td>半年</td></tr>
<tr><td>23</td><td colspan="2">释冷功能测试</td><td>测试释冷功能正常，参考场地设计指标</td><td>预防性维护</td><td>半年</td></tr>
<tr><td>24</td><td colspan="2">保冷功能测试</td><td>测试保冷功能正常，参考场地设计指标</td><td>预防性维护</td><td>半年</td></tr>
<tr><td>25</td><td colspan="2">报警测试</td><td>各报警均可正常工作，动作点与厂家标准一致</td><td>预防性维护</td><td>年</td></tr>
<tr><td>26</td><td rowspan="2">蓄冷罐内部</td><td rowspan="2">蓄冷罐内壁、布水器维护</td><td colspan="2">蓄冷罐内壁腐蚀情况</td><td>无锈蚀</td><td>预防性维护</td><td>年</td></tr>
<tr><td>27</td><td colspan="2">蓄冷罐布水器腐蚀、结垢情况</td><td>无腐蚀、无堵塞</td><td>预防性维护</td><td>年</td></tr>
<tr><td>28</td><td>整体性能</td><td>性能检测</td><td colspan="2">有效利用率、斜温层厚度</td><td>有效利用率参照场地设计指标、斜温层厚度≤1m</td><td>日常巡视</td><td>4 小时</td></tr>
</table>

4.3.2 管网系统维护

管网系统包括冷冻水循环系统和冷却水循环系统。冷冻水循环系统包括水处理设备、定压补水装置、冷冻水管道及阀门仪表、蓄水池等。冷却水循环系统包括水处理设备、补水装置、冷却水管道及阀门仪表等。

1. 水处理设备维护

如表 4-6 所示为水处理设备维护周期表。

表 4-6 水处理设备维护周期表

序号	维护对象	维护项目	维护内容	要求	维护类型	周期
1	全自动软化水处理装置	电控装置	密封及防潮	电控装置外部应安装密封罩，防止受潮和浸水	日常巡视	4 小时
2			面板及按键操作	面板显示正常，功能键操作正常	日常巡视	4 小时
3		盐箱	盐水软管	无破损、泄漏	例行维护	月
4			周围环境	周边环境在 0℃以上，且无蒸汽，比较干燥干净之处	例行维护	月
5			检查盐液液位	参考厂家指标	例行维护	月
6			内部清洁	清理盐箱底部的杂质，盐箱底部的排污阀	预防性维护	季
7		树脂罐	检查排污管	检查排污管接头无泄漏，排污管无堵塞	预防性维护	季
8			清洁及树脂状态检查	清理上下布水器及石英砂垫层内的杂质，如有需要可更换树脂	预防性维护	季
9	全程式综合水处理仪	外观检查	筒体外观有无锈蚀、进出管和排污管接头是否泄漏	筒体外观清洁无锈蚀、进出管和排污管接头紧固、无泄漏	日常巡视	4 小时
10		运行参数检查	查看显示面板的压差值、温度值、电导率值、pH 值、余氯、溶解性固体等参数值是否正常	参考工业循环冷却水处理国标：GB 50050—2007；GB/T 18175-2000 或设计要求	例行维护	周
11		自动排污阀状态检查	选择手动排污模式，查看自动排污阀的动作是否正常	排污阀能正常开启和关闭	预防性维护	半年
12		滤膜状态检查	检查不锈钢滤网和滤膜的脏堵和锈蚀情况	无脏堵和锈蚀	预防性维护	半年

续表

序号	维护对象	维护项目	维护内容	要求	维护类型	周期
13		传感器校验	采用精度更高的传感器或水质分析来校验压差、温度、电导率、pH 值、余氯、溶解性固体等传感器	校核测量值与校准值一致	预防性维护	年
14		电控柜	检查面板及按键操作	面板显示正常，功能键操作正常	预防性维护	月
15	旁流水处理系统	电控柜的维护	检查面板及按键操作	面板显示正常，功能键操作正常	日常巡视	4 小时
16		外观检查	集垢桶外观有无锈蚀、进出管和排污管接头是否泄漏	筒体外观清洁无锈蚀、进出管和排污管接头紧固、无泄漏	例行维护	周
17		运行参数检查	查看显示面板的压差值和电导率值是否正常	参考工业循环冷却水处理国标：GB 50050-2007；GB/T 18175-2000 或设计要求	例行维护	周
18		自动排污阀状态检查	选择手动排污模式，查看自动排污阀的动作是否正常	排污阀能正常开启和关闭	预防性维护	半年
19		旋转电动机维护	检查电动机的固定是否正常，接线端子连接是否紧固	电动机固定正常，接线端子手拽不松动	预防性维护	半年
20		传感器校验	采用精度更高的传感器或水质分析来校验压差、电导率等参数	校核测量值与校准值一致	预防性维护	年
21		旁通水泵的维护	参照表 4-3 水泵部分维护	参照表 4-3 水泵部分维护		
22	自动加药装置	溶液箱	检查溶液箱是否泄漏，箱盖的密封性	无泄漏，箱盖密封性良好	日常巡视	4 小时
23			检查液位及药剂容量	如液位过低，应及时加药	例行维护	月
24		水质监测装置的维护	检查各传感器的安装和接线是否良好	机械固定良好，电气连接手拽无松动	预防性维护	季
25			传感器校核	采用精度更高的传感器或水质分析结果对水质监测结果进行校核，结果应一致	预防性维护	年
26		电控装置	外观检查	外观整洁、无破损和变形，指示灯状态正常	日常巡视	4 小时
27			内部器件和接线检查	接头紧固，线缆固定正常，柜内空气开关、接触器、继电器完好	预防性维护	月
28			检查面板和按键操作	面板显示正常，控制按钮切换正常，手/自动运行正常	预防性维护	月

续表

序号	维护对象	维护项目	维护内容	要求	维护类型	周期
29	自动加药装置		内部灰尘清理	清理散热风扇吸风口和柜内灰尘	预防性维护	月
30			散热风扇工作状态检查	散热风扇运行正常，无异响	预防性维护	月
31		计量泵的维护	检查泵的工作电压、电流	电压：额定电压±10%；电流：≤额定电流，三相电流不平衡≤10%	预防性维护	月
32			检查泵体、接头部分无泄漏	泄漏量小于10滴/分钟	预防性维护	月
33			检查接线及连接片是否紧固	手拽无松脱，若需要则应紧固	预防性维护	月
34			相序检查	点动备用或停用的水泵，确保运转方向正常	预防性维护	月
35			检查散热风扇	转向是否正常，无异响，清理进风口灰尘	日常维护	月
36			添加润滑脂	连续运行两年以后，每年需加润滑脂一次，牌号参考厂家指标	预防性维护	年
37			轴承温度测试	利用红外热成像仪或测温计测量轴承工作温度，与环境的温升不超过40℃，最高工作温度不应超过80℃	预防性维护	年

2．管路及阀门仪表维护

如表4-7所示为管路及阀门仪表维护周期表。

表4-7　管路及阀门仪表维护周期表

序号	维护对象	维护项目	维护内容	要求	维护类型	周期
1	管路	管路维护	检查管道泄漏及保温状况	管道连接处无泄漏，管道保温及防护无破损	例行维护	月
2			检查管路表面腐蚀、支撑情况	支撑良好，若有需要则除锈并补刷防锈漆和防水漆	预防性维护	半年
3			管路内部清洁处理	管路进行除垢、除锈、缓蚀处理，并进行预膜钝化处理	预防性维护	年
4	阀门	阀门维护	阀门连接、标签及阀门开关状态检查	接头无泄漏，标签粘贴正常，阀门状态、位置正常	例行维护	月

续表

序号	维护对象	维护项目	维护内容	要求	维护类型	周期
5	阀门		检查阀门动作是否正常	开关操作灵活，转动部件加润滑油	预防性维护	季
6		阀门执行器维护	检查接线是否可靠	接线牢固，无松脱	预防性维护	季
7			执行器指示位置是否正常动作	可正常动作，且指示位置与控制信号匹配	预防性维护	年
8	仪器仪表	仪器仪表维护	仪表连接及指示检查	接头无泄漏，表盘清晰，指针指示正确	例行维护	月
9			压力表、温度计、流量计等仪器仪表校验	由专业检测机构定期校验	预测性维护	年
10	水质	水质检测	冷却水和冷冻水取样，送至专门机构进行水质分析	参考工业循环冷却水处理国标：GB 50050-2007；GB/T 18175-2000 或冷却塔厂家对水质的要求	预测性维护	季

4.3.3　末端侧维护

冷冻水系统末端通常包含以下几类：冷冻水空调、热管背板、水冷前门、水冷背板。冷冻水空调主要由室内风机、表冷器盘管、加湿系统、电加热、冷冻水流量调节阀组成。热管背板空调主要由室内风机、蒸发器、传感器、板式换热器、冷冻水流量调节阀、电控等部分组成。水冷前门/背板主要由室内风机、表冷器盘管、传感器、冷冻水流量调节阀、电控部分组成。

1．冷冻水机房空调维护

（1）维护要点

①维护风机等机械器件时应确保切断电源，并挂牌上锁，防止维护过程中启动造成人身伤害。

②涉及机组内部管路部分器件拆卸维护时，应先隔断机组供水，将机组内部管路水排干后再进行操作。

③加湿系统维护时应确保切断电源，且确认加湿器内的水已经冷却，防止烫伤。

④维护操作结束后，应将温度、湿度等设定值调回到初始设定值。

（2）维护内容

如表 4-8 所示为冷冻水机房空调维护周期表。

表 4-8　冷冻水机房空调维护周期表

序号	维护对象	维护项目	维护内容	要求	维护类型	周期
1	综合检查	外观检查	检查门板清洁、铰链	无明显积灰、油渍	日常巡视	4 小时
2		运行状态	检查面板显示、运行指示灯及有无告警	空调运行状态正常，无告警	日常巡视	4 小时
3		水压检查	检查机组进/出水压	参考场地设计要求	日常巡视	4 小时
4		水温检查	检查进/出水温度	参考场地设计要求	日常巡视	4 小时
5		内部检查	检查内部管路是否保温，有无渗水、凝露	保温棉无破损，机组内部无泄漏及凝露水渍	例行维护	月
6		过滤网	检查过滤网完好性和脏堵情况	如有破损、脏堵或过滤网维护告警，应更换过滤网	例行维护	月
7	室内风机	风机固定	检查风机、电动机、叶片的固定是否正常	紧固各螺栓，风机无异响及抖动	例行维护	月
8		运行状态	测量风机的运行电流	电流：≤额定电流，三相电流不平衡≤10%（JB/T 5269-2007）	例行维护	月
9		皮带维护（皮带传动）	检查皮带轮的固定及紧固，皮带的松紧度情况	皮带轮固定良好，皮带外观应无裂痕，无打滑，无异常抖动，皮带张力计检查松紧度	预防性维护	季
10			检查皮带磨损情况	外观应无裂痕、无明显磨损，若有则应更换	预防性维护	季
11			校核皮带轮共面度、垂直度	水平靠尺校正皮带轮共面及与轴的垂直度	预防性维护	半年
12		电动机维护（非 EC 风机）	接线紧固	端子接线无虚接，手拽不松脱	例行维护	月
13			检测内阻及对地绝缘电阻	内阻参考厂家指标，对地阻值应大于 1MΩ	预防性维护	半年
14			检查电动机轴承磨损情况	轴承无明显损伤，若有需更换	预防性维护	半年

续表

序号	维护对象	维护项目	维护内容	要求	维护类型	周期
15	室内风机		轴承温度测试	利用红外热成像仪或测温计测量轴承工作温度，轴承与环境温升不应超过 40℃，最高工作温度不应超过 80℃（JB/T 5294-1991）	预测性维护	年
16		叶片维护	检查叶片外观与角度	无变形、裂缝，叶片角度一致，叶轮与风圈间无擦碰	预防性维护	季
17		传动轴维护	检查轴承的磨损、锈蚀情况，是否需要润滑	检查轴是否有磨损、锈蚀，定期加润滑油保养，水平方向和垂直方向是否松动，如松动需更换轴承	预防性维护	季
18	电加热系统	外观及固定	检查表面是否清洁，检查加热器各处固定螺母是否良好	清洁表面积灰，紧固固定端子	预防性维护	季
19		端子接线	检查各端子接线是否紧固，线缆有无破损	端子紧固不松脱，线缆无破损绝缘良好	预防性维护	季
20		运行电流	检测电加热运行电流	参考厂家指标	例行维护	月
21	加湿系统	结垢情况	检查加湿水盘（罐）结垢情况	定期清洗加湿水盘（罐）水垢，必要时更换	例行维护	周
22		加湿电极（灯管）	加查加湿电极（灯管）是否烧坏、损坏	若有烧毁或损坏，应及时更换电极（灯管）	例行维护	周
23		溢流口	检查溢流管高度是否合理，溢流口无堵塞	清理溢流口脏物	日常巡视	4 小时
24		运行电流	检测运行时加湿各相电流	参考厂家指标	例行维护	月
25		进/排水阀	紧固阀体连接处，测试阀体动作，清洗进水阀体过滤网	阀体连接处无泄漏，可正常关闭，相应滤网清洁无堵塞	例行维护	周
26		加湿供水	检测供水水压	供水水压宜为 100～700KPa 范围或参照厂家指标	例行维护	月
27		加湿排水	检查排水管连接、固定并清洗	排水管固定良好无破损，排水测试通畅	例行维护	周

续表

序号	维护对象	维护项目	维护内容	要求	维护类型	周期
28	电控部分	紧固检查	检查板件、空开、接触器、连接线、对插端子是否紧固	如有松动，应重新紧固	例行维护	月
29		外观检查	检查空开和接触器表面、触头	无拉弧和烧痕印迹，严重时应更换	例行维护	月
30		接地检查	检查整机接地是否良好	用万用表检查接地线和机壳间的电阻，其阻值应小于 0.1Ω	预防性维护	半年
31		机组供电	测量场地电压值及波动值	电源电压应为额定电压±10%，电源无缺相反相	例行维护	月
32		控制电压	测量机组控制电压	参考厂家指标	例行维护	月
33		灰尘清理	用毛刷清理板件、器件表面和触头处的灰尘	器件及板件表面无积灰	预防性维护	季
34		功能测试	加湿功能测试	测试加湿功能正常，测量加湿电流并参考厂家指标	预防性维护	季
35			除湿功能测试	测试除湿功能正常，检查冷凝水排水是否正常	预防性维护	季
36			制冷功能测试	测试制冷功能正常，记录冷冻水进出水温度和压力、电动调节阀开度	预防性维护	季
37			加热功能测试	测试加热功能正常，测量加热电流并参考厂家指标	预防性维护	季
38		告警测试	测试高低温、高低湿、气流丢失告警、加热保护、加湿保护、漏水保护告警动作是否正常	各告警均可正常动作，动作点与厂家指标一致	预防性维护	季
39		传感器校核	采用精度更高的仪器来校准温湿度传感器读数	校核测量值与校准值一致	预防性维护	年
40	表冷器	冷凝水排水	观察底部接水盘内的积水和脏堵情况，排水孔有无堵塞，手动测试排水是否正常	冷凝水槽清洁、排水口无堵塞，冷凝水排水顺畅（人工注水可从总排水口顺畅排出）	例行维护	月

续表

序号	维护对象	维护项目	维护内容	要求	维护类型	周期
41	表冷器	外观检查	检查表冷器表面是否有积灰、油污，翅片是否变形	翅片表面无积灰和油污，无变形	预防性维护	季
42		盘管排气口	检查排气口密封	阀芯、阀帽紧固良好	预防性维护	年
43	流量调节阀	漏水检查	检查接管处是否漏水	连接处无渗水，密封垫完好	例行维护	月
44		阀门功能测试	手动、自动控制阀门能否正常开启和关闭	可正常动作，执行机构无卡死现象	预防性维护	年
45			检查阀门动作与控制的一致性	执行器实际指示开度与控制器输出开度一致	预防性维护	年

2. 热管背板空调维护

（1）维护要点

①维护风机等机械器件时应确保切断电源，并挂牌上锁，防止维护过程中启动造成人身伤害。

②涉及机组内部管路部分器件拆卸维护时，应先隔断机组供水，将机组内部管路水排干后再进行操作。

③维护操作结束后，应将温度、湿度等设定值调回初始设定值。

（2）维护内容

如表 4-9 所示为热管背板空调维护周期表。

表 4-9　热管背板空调维护周期表

序号	维护对象	维护项目	维护内容	要求	维护类型	周期
1	综合检查	外观检查	检查门板清洁、铰链	无明显积灰、油渍	日常巡视	4 小时
2		运行状态	检查面板显示、运行指示灯及有无告警	空调运行状态正常，无告警	日常巡视	4 小时
3		制冷剂压力检查	检查机组液管和气管压力	参考场地设计要求	日常巡视	4 小时
4		水温检查	检查 CDU 进/出水温度	参考场地设计要求	日常巡视	4 小时

续表

序号	维护对象	维护项目	维护内容	要求	维护类型	周期
5	综合检查	内部检查	检查内部管路保温、有无渗水、凝露	保温棉无破损，机组内部无泄漏及凝露水渍	例行维护	月
6		过滤网	检查过滤网完好性和脏堵情况	如有破损、脏堵或过滤网维护告警，应更换过滤网	例行维护	月
7		泄漏检查	检查管路制冷剂是否泄漏	如有泄漏，应立即对漏点进行修复	例行维护	月
8		液管视液镜	查看冷媒流量，含水量试纸颜色	机组运行时视液镜无大量气泡，试纸颜色指示系统干燥	日常巡视	月
9	风机部分	风机固定	检查风机、电动机、叶片的固定是否正常	紧固各螺栓，风机无异响及抖动	例行维护	月
10		运行状态	测量风机的运行电流	电流≤额定电流，三相电流不平衡≤10%（JB/T 5269-2007）	例行维护	月
11		叶片维护	检查叶片外观与角度	无变形、裂缝，叶片角度一致，叶轮与风圈间无擦碰	预防性维护	季
12	电控部分	紧固检查	检查板件、空开、接触器、连接线、对插端子是否紧固	如有松动应重新紧固	例行维护	月
13		外观检查	检查空开和接触器表面、触头	无拉弧和烧痕印迹，严重时应更换	例行维护	月
14		接地检查	检查整机接地是否良好	万用表检查接地线和机壳间的电阻，应小于0.1Ω	预防性维护	半年

续表

序号	维护对象	维护项目	维护内容	要求	维护类型	周期
15	电控部分	机组供电	测量场地电压值及波动值	电源电压应为额定电压±10%，电源无缺相反相	例行维护	月
16		控制电压	测量机组控制电压	参考厂家指标	例行维护	月
17		灰尘清理	用毛刷清理板件、器件表面和触头处的灰尘	器件及板件表面无积灰	预防性维护	季
18		传感器校核	采用精度更高的仪器来校准温湿度传感器读数	校核测量值与校准值一致	预防性维护	年
19		供液电磁阀	手动、自动控制阀门能否正常开启和关闭	可正常动作，执行机构无卡死现象	预防性维护	年
20			检查阀门动作与控制的一致性	执行器实际指示开度与控制器输出开度一致	预防性维护	年
21		CDU 回水流量调节阀	手动、自动控制阀门能否正常开启和关闭	可正常动作，执行机构无卡死现象	预防性维护	年
22			检查阀门动作与控制的一致性	执行器实际指示开度与控制器输出开度一致	预防性维护	年
23	蒸发器	冷凝水排水	观察底部接水盘内的积水和脏堵情况，排水孔有无堵塞，手动测试排水是否正常	冷凝水槽清洁、排水口无堵塞，冷凝水排水顺畅（人工注水可从总排水口顺畅排出）	例行维护	月
24		外观检查	检查表冷器表面是否有积灰、油污，翅片是否变形	翅片表面无积灰和油污，无变形	预防性维护	季
25		视液镜	查看冷媒流量，含水量试纸颜色	机组运行时视液镜无大量气泡，试纸颜色指示系统干燥	日常巡视	季
26		泄漏检查	检查管路制冷剂是否泄漏	如有泄漏应立即对漏点进行修复	例行维护	月

3. 水冷前门/背板空调维护

（1）维护要点

①维护风机等机械器件时，应确保切断电源，并挂牌上锁，防止维护过程中启动，造成人身伤害。

②涉及机组内部管路部分器件拆卸维护时，应先隔断机组供水，将机组内部管路水排干后再进行操作。

③维护操作结束后，应将温度、湿度等设定值调回初始设定值。

（2）维护内容

如表 4-10 所示为水冷前门/背板空调维护周期表。

表 4-10 水冷前门/背板空调维护周期表

序号	维护对象	维护项目	维护内容	要求	维护类型	周期
1	综合检查	外观检查	检查门板清洁、铰链	无明显积灰、油渍，	日常巡视	4 小时
2		运行状态	检查面板显示、运行指示灯及有无告警	空调运行状态正常，无告警	日常巡视	4 小时
3		水压检查	检查机组进/出水压	参考场地设计要求	日常巡视	4 小时
4		水温检查	检查进/出水温度	参考场地设计要求	日常巡视	4 小时
5		内部检查	检查内部管路保温、有无渗水、凝露	保温棉无破损，机组内部无泄漏及凝露水渍	例行维护	月
6		过滤网	检查过滤网完好性和脏堵情况	如有破损、脏堵或过滤网维护告警，应更换过滤网	例行维护	月
7	室内风机	风机固定	检查风机、电动机、叶片的固定是否正常	紧固各螺栓，风机无异响及抖动	例行维护	月
8		运行状态	测量风机的运行电流	电流≤额定电流，三相电流不平衡≤10%（JB/T 5269-2007）	例行维护	月
9		叶片维护	检查叶片外观与角度	无变形、裂缝，叶片角度一致，叶轮与风圈间无擦碰	预防性维护	季
10	电控部分	紧固检查	检查板件、空开、接触器、连接线、对插端子是否紧固	如有松动应重新紧固	例行维护	月

续表

序号	维护对象	维护项目	维护内容	要求	维护类型	周期
11	电控部分	外观检查	检查空开和接触器表面、触头	无拉弧和烧痕印迹，严重时应更换	例行维护	月
12		接地检查	检查整机接地是否良好	万用表检查接地线和机壳间的电阻，应小于0.1Ω	预防性维护	半年
13		机组供电	测量场地电压值及波动值	电源电压应为额定电压±10%，电源无缺相反相	例行维护	月
14		控制电压	测量机组控制电压	参考厂家指标	例行维护	月
15		灰尘清理	用毛刷清理板件、器件表面和触头处的灰尘	器件及板件表面无积灰	预防性维护	季
16		制冷功能测试	测试制冷功能是否正常，记录冷冻水进出水温度和压力、电动调节阀开度	测试制冷功能正常，记录冷冻水进出水温度和压力、电动调节阀开度	预防性维护	季
17		告警测试	测试高低温、高低湿、气流丢失告警、漏水保护告警动作是否正常	各告警均可正常动作，动作点与厂家指标一致	预防性维护	季
18		传感器校核	采用精度更高的仪器来校准温湿度传感器读数	校核测量值与校准值一致	预防性维护	年
19	表冷器	冷凝水排水	观察底部接水盘内的积水和脏堵情况，排水孔有无堵塞，手动测试排水是否正常	冷凝水槽清洁、排水口无堵塞，冷凝水排水顺畅（人工注水可从总排水口顺畅排出）	例行维护	月
20		外观检查	检查表冷器表面是否有积灰、油污，翅片是否变形	翅片表面无积灰和油污，无变形	预防性维护	季
21		盘管排气口	检查排气口密封	阀芯、阀帽紧固良好	预防性维护	年
22	流量调节阀	漏水检查	检查接管处是否漏水	连接处无渗水，密封垫完好	例行维护	月
23		阀门功能测试	手动、自动控制阀门能否正常开启和关闭	可正常动作，执行机构无卡死现象	预防性维护	年
24			检查阀门动作与控制的一致性	执行器实际指示开度与控制器输出开度一致	预防性维护	年

第4章

4.4 直接膨胀式空调维护

直接膨胀式空调包含风冷式和水冷式和氟泵，其中水冷式的换热器和水系统部分维护可参考 4.3.1 节和 4.3.2 节，其余部分的维护和风冷式相同。

4.4.1 风冷机房空调维护

1. 维护要点

（1）维护风机等机械器件时应确保切断电源，并挂牌上锁，防止维护过程中启动造成人身伤害。

（2）避免皮肤接触制冷剂与润滑油防止烫伤、冻伤与灼伤，维护操作时必须穿戴长袖防护手套及防护眼镜。

（3）加湿系统维护时应确保切断电源，且确认加湿器内的水已经冷却，防止烫伤。

（4）制冷剂、冷冻油必须依据法规回收或实施废弃处理，不应直接排放到环境中。

（5）维护操作结束后，应将温度、湿度等设定值调回初始设定值。

2. 维护内容

如表 4-11 所示为风冷机房空调维护周期表。

表 4-11 风冷机房空调维护周期表

序号	维护对象	维护项目	维护内容	要求	维护类型	周期
1	综合检查	显示器	面板有无黑屏、花屏，亮度显示是否正常	面板正常，亮度范围宜在 45%～55%	日常巡视	4 小时
2		送回风通道	检查空调的出风及回风是否畅通	空调出风口、回风口顺畅	例行维护	周
3		空调门板、铰链	检查门板开启和密封状态是否完好	门板开闭正常，密封良好，无明显缝隙及啮合不严	例行维护	周
4		过滤网	检查过滤网的清洁及安装方向	滤网安装方向正确，清洁或更换滤网	例行维护	月

续表

序号	维护对象	维护项目	维护内容	要求	维护类型	周期
5	综合检查	室内外机清洁	检查清洁设备表面积尘油污	设备表面无积尘、无油污	例行维护	月
6		设备底座	检查空调底座固定及减震是否完好	底座与地面之间固定良好，底座与机组之间减震垫完好	预防性维护	季
7	电控系统	运行状态	检查各指示灯状态及告警信息	各器件指示灯正常，无告警	日常巡视	4 小时
8		控制电压	测量控制板的控制电压	参考厂家指标	例行维护	周
9		操作按钮	检查各操作按钮是否失灵	各按钮操作正常，可正常进行参数更改	例行维护	周
10		机组设定点	检查操作设定点	参考设计标准或厂家指标	例行维护	周
11		供电电源	检查电源是否缺相，确认相序	无缺相，相序正常	例行维护	月
12		供电电压	测量电压范围是否正常	电压波动范围应在±10%以内	例行维护	月
13		电源进线	检查主空开和电源进线是否正常	电源进线与主空开接线紧固无松动，触点无灼伤及粘合痕迹	例行维护	月
14		电气接线	检查各空开及接触器的触点状态及紧固接线	各器件触点干净无灼伤、氧化痕迹，接线手动不松脱	预防性维护	季
15		机组互锁功能检查（双路供电）	检查各器件功能是否正常	器件完好，供电切换时可正常动作	预防性维护	季
16		电气清洁	清洁电控柜内积尘	毛刷清洁，电控柜清洁无积尘	预防性维护	季
17		电气功能	更改设定点或手动测试各器件动作是否正常	各器件（制冷、加热、加湿、除湿）可以正常启动及关闭		年
18		电气发热	电气器件及线路热成像分析扫描	用热成像仪甄别发热、绝缘等异常区域，与环境温度相比温升应<50℃（YT D1970）	预防性维护	年
19	室内风机组件	运转状态	开机运行风机查看风机运行状态	运转平稳，无异响	日常巡视	4 小时

续表

序号	维护对象	维护项目	维护内容	要求	维护类型	周期
20	室内风机组件	风机组件固定	检查风机、电机、轴承及风机托盘的固定	固定螺丝紧固无松脱	例行维护	周
21		风机电流	测量风机各相电流	参考厂家指标	例行维护	周
22		风机皮带（若有）	检查皮带张紧度及磨损情况	张紧度适中，有磨损或断裂应及时更换	例行维护	周
23		风机轴承	检查轴承外观及手动试运转	无明显磨损，手动转动无明显摩擦	例行维护	月
24		叶轮及护网（若有）	外观检查及手动试运转	无明显变形，手动转动运转平稳，叶轮与护网无擦碰	例行维护	月
25		皮带轮（若有）	检查风机及电机皮带轮固定及是否共面	固定良好，水平尺检查风机皮带轮和电机皮带轮处于同一平面	预防性维护	季
26		过载保护器（若有）	检查过载保护器的设定点是否正常	参考厂家指标	预防性维护	季
27	压缩机	油槽加热带	检查油槽加热带工作状态	压缩机停机时（机组有供电）加热带应正常工作	例行维护	月
28		吸排气口密封	检查吸排气口密封状态，密封垫是否需更换	吸排气口断面密封良好，若有油渍，应确认是否泄漏带出，必要时应更换吸排气密封圈及紧固吸排气口螺母	例行维护	月
29		运行电流	运行状态下测量压缩机各相电流	电流应不超过压缩机额定电流	例行维护	月
30		吸气压力	测量压缩机吸气压力	0.4～0.6MPa（参考，R22）	例行维护	月
31		排气压力	测量压缩机排气压力	1.4～1.8MPa（参考，R22）	例行维护	月
32		吸气过热度	测量压缩机吸气压力及吸气口温度计算吸气过热度	吸气过热度宜为5～8℃，电子膨胀阀5℃	例行维护	月
33		排气过热度	测量压缩机排气压力及排气温度计算排气过热度	排气过热度宜在25～40℃范围	例行维护	月
34		油槽过热度	测量压缩机油槽温度及吸气压力计算油槽过热度	油槽过热度宜大于18℃	例行维护	月
35		过冷度	测量膨胀阀前温度及膨胀阀前压力计算过冷度	过冷度宜大于5℃	例行维护	月

续表

序号	维护对象	维护项目	维护内容	要求	维护类型	周期
36	压缩机	冷冻油	检查冷冻油油量及颜色	油位位于油镜（若有）1/2以上，若无油镜可根据排气温度及运行声音判断，冷冻油颜色应纯净，若变黑应进行更换	预防性维护	年
37		底脚固定	检查压缩机各底脚固定螺栓	底脚螺栓紧固适中，减震垫完好	预防性维护	季
38	膨胀阀	膨胀阀连接	检查膨胀阀连接是否泄漏	连接口处无油迹及泄漏	例行维护	周
39		阀体状态（热力）	阀体是否结霜、结冰	若有结冰结霜，应确认是否堵塞及确认是否更换	例行维护	周
40		感温包（热力）	检查感温包固定及保温	感温包紧贴蒸发器出口，固定保温良好	例行维护	月
41		取压管（热力）	取压管的固定	取压管固定良好，与其他器件及管路无擦碰、接触	例行维护	月
42		压力/温度采集（电子）	检查膨胀阀压力温度传感器采集是否正常，采集值是否精确	更高精度的传感器进行校准，实测值和校准值一致	预防性维护	季
43	蒸发器	冷凝水接水槽	检查冷凝水接水槽是否清洁，排水口有无堵塞	清洗冷凝水槽及冷凝水排水口无脏物	例行维护	月
44		表面清洁	检查蒸发器表面并清洁	表面清洁无积灰	预防性维护	年
45		盘管翅片	检查盘管翅片有无损伤变形	如有损伤变形可用翅片梳修复	预防性维护	年
46	室外机	风机运转	检查外风机运转状态是否正常	风机运转平稳，轴承旋转自如，无异常摩擦、振动和噪声	日常巡视	4 小时
47		室外机固定	检查外机与底座、电机、风机网罩的固定	固定良好，固定胶垫无老化破损	例行维护	月
48		翅片清洁	检查并清洗室外机	高压清洗泵进行翅片清洗，无积灰及脏物	例行维护	月
49		运行电流	检测风机运行电流	参考厂家指标	例行维护	月
50		风机控制板（若有）	检查控制板控制参数及告警状态	控制板参数设定正确，控制板无告警	预防性维护	季

续表

序号	维护对象	维护项目	维护内容	要求	维护类型	周期
51	加热系统	参见表 4-8 中的 18～20	参见表 4-8 中的 18～20	参见表 4-8 中的 18～20		
52	加湿系统	参见表 4-8 中的 21～27	参见表 4-8 中的 21～27	参见表 4-8 中的 21～27		
53	检测及保护装置	压缩机	检查测试压缩机相关高/低压、排气高温等检测器件、保护功能	器件接线及功能正常，检测无偏差，动作点与设计值一致	预防性维护	年
54		加湿器	加查加湿器相应保护功能	器件接线及功能正常，检测无偏差，动作点与设计值一致	预防性维护	年
55		电加热	检查加热相应的过温保护功能	器件接线及功能正常，检测无偏差，动作点与设计值一致	预防性维护	年
56		冷凝器	检查测试冷凝器压力及风机转速控制一致性	检测器件接线及功能正常，检测值无偏差，动作点与设计值一致	预防性维护	年
57		风机	检查测试气流丢失、风机过载检等测器件、保护功能是否正常	器件接线及功能正常，检测无偏差，动作点与设计值一致	预防性维护	年
58		其他检测保护	检查测试其他如温湿度传感器、滤网维护等器件、保护功能是否正常	器件接线及功能正常，检测无偏差，动作点与设计值一致	预防性维护	年
59	冷媒管路及附件	视液镜	查看冷媒流量，含水量试纸颜色	机组运行时视液镜无大量气泡，试纸颜色指示系统干燥	日常巡视	4 小时
60		干燥过滤器	接口是否泄漏，是否有堵塞	两端连接紧固无泄漏，若过滤器两端温差超过 3℃，则需更换	例行维护	周
61		冷媒管路	检查管路支撑、焊口及保温是否良好	管路宜每隔 3～5m 做好支撑固定，保温无破损，管路与其他物件无擦碰泄漏	例行维护	周
62		储液罐（若有）	检查储液罐液位，安全阀是否正常	液位满足厂家要求，安全阀定期校检（至少一年一次）	例行维护	周
63		冷媒压力检测口	检查管路上各测压口阀帽、阀芯的密封	阀帽、阀芯无缺失，拧紧密封	例行维护	月

续表

序号	维护对象	维护项目	维护内容	要求	维护类型	周期
64		电磁阀（若有）	检查接线，测试功能	接线可靠，阀体与线圈结合良好，启闭正常	预防性维护	季
65		制冷剂成分	抽样进行制冷剂成分检测	酸度、水分及金属含量是否正常，决定是否更换	预测性维护	3 年

4.4.2　水冷机房空调维护

直接膨胀式空调包含风冷式和水冷式和氟泵，水冷式的换热器和水系统部分维护可参照表 4-4 中热交换设备的维护进行，其余部分的维护参照表 4-9 中风冷机房空调维护进行。

4.4.3　氟泵机房空调维护

氟泵式空调在风冷直接膨胀式空调的基础上增加了氟泵模块，氟泵模块由氟泵、储液罐、阀门、管路附件等组成，其中氟泵机房空调的室内机和室外冷凝器部分可参照表 4-9 中风冷机房空调部分进行维护。

如表 4-12 所示为氟泵机房空调维护周期。

表 4-12　氟泵机房空调维护周期表

序号	维护对象	维护项目	维护内容	要求	维护类型	周期
1	综合检查	紧固检查	检查柜体、氟泵、内部管路的固定是否正常，电控接线、室外传感器接线是否紧固	手拽无松脱，若有必要则紧固接线	例行维护	周
2		泄漏检查	检查泵体、储液罐、管路接头处是否有油迹	无明显油迹	例行维护	周
3		运行状态检查	观察氟泵运行时储液罐的液位是否正常	高于第二个视液镜 1/2	例行维护	周
4			观察有无异常振动和异响	无异常及振动	例行维护	周
5			测量泵运行电压和电流	参照厂家指标	例行维护	周
6			泵进出口运行压力	参照厂家指标	例行维护	周
7			检测泵是否有气蚀	具体参照厂家氟泵压差或泵电流要求	预防性维护	月

续表

序号	维护对象	维护项目	维护内容	要求	维护类型	周期
8	氟泵	氟泵维护	检测电动机内阻及对地绝缘电阻	对地阻值应大于 1MΩ，内阻应符合厂家指标	预防性维护	半年
9			检查电动机轴承磨损情况（适用于分体泵）	轴承调整平衡或更换	预防性维护	年
10			电动机轴承添加润滑油/润滑脂（分体泵）	按厂家要求的牌号选择润滑油或润滑脂	预防性维护	年
11			轴承温度测试（分体泵）	利用红外热成像仪或测温计测量轴承工作温度，参考环境温度，温升不应超过 40℃，最高工作温度不应超过 80℃（JB/T 5294-1991）	预防性维护	年
12	电控部分	传感器校核	采用精度更高的仪器来校准温度传感器、压力传感器读数	实测值与校核值一致	预防性维护	年
13		氟泵控制柜	检查各空开及接触器的触点状态及紧固接线	各器件触点干净无灼伤、氧化痕迹，接线手动不松脱	预防性维护	月
14			参数设置	参照厂家指标	预防性维护	季
15			清洁电控柜内积尘	毛刷清洁，电控柜清洁无积尘	预防性维护	季
16	室内机部分	风冷直接膨胀式空调部分	参考表 4-9 风冷机房空调维护内容	参考表 4-9 风冷机房空调维护内容		

4.5 新风自然冷系统维护

新风自然冷系统包含直接自然冷和间接自然冷，直接自然冷包含风墙、湿膜新风机、智能新风机等。湿膜新风由室内机、进风过滤装置、给排水系统、排风组件等组成，智能新风由进风过滤装置、排风组件等组成。

4.5.1　风墙机组维护

如表 4-13 所示为风墙机组维护周期表。

表 4-13　风墙机组维护周期表

序号	维护对象	维护项目	维护内容	要求	维护类型	周期
1	外观	运行状态	机组外观及固定	干净无积灰、锈蚀	日常巡视	周
2			面板显示及告警状态	运行正常，无告警	日常巡视	周
3	滤网	空气滤网	滤网清洁检查	清洁滤网或更换（若需要）	例行维护	月
4	风阀	风阀维护	风阀状态检查	风发开关状态正常，并可正常开闭	例行维护	月
5	风机	风机维护	检查风机、电动机、叶片的固定是否正常	紧固各螺栓，风机无异响及抖动	例行维护	季
6			测量风机的运行电流	电流≤额定电流，三相电流不平衡≤10%（JB/T 5269-2007）	例行维护	月
7	加湿器	加湿器维护（若有）	加湿进水接头、加湿喷头状态检查	各接头牢靠无渗漏，喷头固定可靠无堵塞	例行维护	月
8	排水部分	排水系统维护	冷凝水集水槽检查	集水槽无积水，排水顺畅	例行维护	月
9			排水管检查	排水管连接可靠，无破损	例行维护	月
10	电控部分	流量调节阀	检查接管处是否漏水	连接处无渗水，密封垫完好	例行维护	季
11			手动、自动控制阀门能否正常开启和关闭	可正常动作，执行机构无卡死现象	预防性维护	年
12			检查阀门动作与控制的一致性	执行器实际指示开度与控制器输出开度一致	预防性维护	年
13		电控系统维护	检查板件、空开、接触器、连接线、对插端子是否紧固	如有松动应重新紧固	例行维护	月
14			各器件功能测试	测试制冷、加湿等功能是否正常，测量加湿电流并参考厂家指标	预防性维护	年
15			告警功能测试	测试过滤网堵塞告警、风机故障告警、高/低温告警、漏水等告警功能正常	预防性维护	年
16			传感器校核	采用精度更高的仪器来校准温湿度传感器读数，校核测量值与校准值一致	预防性维护	年
17	表冷器	表冷器盘管维护	表冷器清洁与接头连接检查	定期清洁表冷器盘管杂物、细菌，确保表冷器各接头、排气阀等处无泄漏	预防性维护	年

4.5.2 湿膜新风维护

如表 4-14 所示为湿膜新风维护周期表。

表 4-14 湿膜新风维护周期表

序号	维护对象	维护项目	维护内容	要求	维护类型	周期
1	风机部分	紧固检查	检查送风机、排风机、内部接线是否紧固	手拽无松脱，若松脱，则紧固接线	例行维护	月
2		风机维护	风扇运转状态检查	拨动风扇，转动顺畅无异响	例行维护	月
3			测量风机运行电压和电流	参考厂家指标	例行维护	月
4	湿膜部分	湿膜维护	检查清洗湿膜和喷管状态	湿膜和喷管无脏堵、损坏，如有应进行清洗或更换	预防性维护	季
5	水路部分	进排水管维护	检查进排水管连接及通水是否顺畅	进排水管无脏堵、漏水，连接口无松动、老化等	例行维护	月
6		过滤网维护	检查过滤网清洁或清洗	目视过滤网是否明显脏堵，如有应进行清洗或更换	预防性维护	季
7		水箱维护	检查水箱底部清洁	水箱底部清洁无脏物，如有则进行清洗	预防性维护	季
8			检查高低水位开关安装及功能	安装固定良好，测试其告警功能是否正常	预防性维护	季
9		水过滤器维护	水过滤器检查清洗	检查过滤器，确保无脏堵，如有应进行清洗或更换	预防性维护	季
10		水泵	检查水泵是否有异响，测量运行电压和电流	运行无异响，水泵运行电压、电流参考厂家指标	例行维护	月
11	电控部分	电磁阀	检查电磁阀运行是否正常	测试阀体可正常开闭	预防性维护	季

续表

序号	维护对象	维护项目	维护内容	要求	维护类型	周期
12	电控部分	风阀	检查风阀的开启和关闭是否正常	开闭功能正常	预防性维护	季
13		传感器校核	采用精度更高的仪器来校准室内外温湿度传感器	实测值与校验值一致	预防性维护	年

4.5.3　智能新风维护

如表 4-15 所示为智能新风维护周期表。

表 4-15　智能新风维护周期表

序号	维护对象	维护项目	维护内容	要求	维护类型	周期
1	外观	紧固检查	检查送风机、排风机、内部接线是否紧固	手拽无松脱，若需要则紧固接线	例行维护	月
2	风机	风机维护	风扇运转状态检查	拨动风扇，转动顺畅无异响	例行维护	月
3			测量风机运行电压和电流	参考厂家指标	例行维护	月
4	风阀	风阀维护	检查风阀的开启和关闭是否正常	开闭功能正常	预防性维护	季
5	电控部分	传感器校核	采用精度更高的仪器来校准室内外温湿度传感器	实测值与校验值一致	预防性维护	年
		显示板维护	观察显示板显示是否正常，按键操作是否正常	显示板显示是否正常，按键操作是否正常		

4.6　普通空调系统维护

数据中心常用的普通空调系统主要含分体、柜式空调、新风机和加湿机等。

4.6.1　普通分体、柜式空调维护

如表 4-16 所示为普通分体、柜式空调维护周期表。

表 4-16 普通分体、柜式空调维护周期表

序号	维护对象	维护项目	维护内容	要求	维护类型	周期
1	外观及综合	外观清洁	清理机器表面上的废弃物及粉尘	干净无油污及积灰	例行维护	月
2			机架的腐蚀情况	有生锈腐蚀的地方除锈补漆	预防性维护	年
3		空调滤网	定期检查清洁空调过滤网	清洗、清除滤网积灰	例行维护	月
4		密封及固定	检查密封件、密封口胶垫的弹性和磨损情况	密封良好，必要时更换密封垫及胶垫	预防性维护	年
5			检查各螺钉、螺母、零部件紧固状况	逐个检查并紧固	预防性维护	年
6			管路固定、支撑及保温	各管路支架固定绑扎完好，保温无破损	预防性维护	年
7	制冷系统	制冷系统维护	空调出风温度	制冷状态下感觉或仪器测量空调出风温度低于环境温度	预防性维护	季
8			测量压缩机运行电流	满足厂家指标	预防性维护	季
9			检查运行时冷媒压力	高低压力正常，必要时补加冷媒	预防性维护	季
10			检查压缩机绝缘	绝缘电阻应大于 1MΩ	预防性维护	年
11	风机	室内、外风机	检查室内外风机运行状态	无异常声音、振动	预防性维护	季
12	换热器	冷凝器、蒸发器	检查空调冷凝器、蒸发器清洁	清洗翅片，确保翅片洁净度	预防性维护	季
13	电控部分	电气系统维护	检查连接电线、套管	包扎、固定完好	预防性维护	年
14			面板显示及控制器操作按键	面板显示正常，遥控器、线控器控制按钮无失灵	例行维护	月
15			测试空调机控制系统功能可靠性	手动或自动测试室内外风机、压缩机、温控器、过流过热保护器、电容器运行正常	预防性维护	年
16	排水	机组排水	检查空调排水是否正常，排水管是否完好	手动测试排水，如堵塞则清洗疏通	预防性维护	季

4.6.2　新风机维护

如表 4-17 所示为新风机维护周期表。

表 4-17　新风机维护周期表

序号	维护对象	维护项目	维护内容	要求	维护类型	周期
1	综合检查	外观清洁	清洁机器表面	干净无油污及积灰	例行维护	月
2		机组固定	检查各螺钉、螺母、零部件紧固状况	逐个检查并紧固	预防性维护	季
3		防虫网	检查防虫网是否完整	无破损，包扎、固定完好	例行维护	月
4		过滤网	检查、清洁或更换过滤网	如采用卷帘式等新型空气过滤器的，检查其工作是否正常	例行维护	月
5	风阀	风阀	检查风阀动作是否正常	无卡死及关闭不严	预防性维护	季
6	加湿水盘	加湿水盘维护	清洁加湿器水盘	无垢	例行维护	月
7	除湿段	除湿段维护	检查除湿盘管有无泄漏，盘管表面及集水槽清洁状况	接头无渗漏，盘管及集水槽清洁无堵塞	预防性维护	季
7	电控部分	电气部分维护	采用精度更高的仪器来校准温湿度传感器读数	实测值与校验值一致	预防性维护	年
8			检查新风机参数设置	参考厂家指标	预防性维护	年
9			检查各部件控制功能	手动或自动测试均可正常动作	预防性维护	年
10	给排水部分	给排水管路维护	检查机组给排水管路、连接、保温	连接处无泄漏，通畅无堵塞，保温良好	例行维护	季

4.6.3　加湿机维护

如表 4-18 所示为加湿机维护周期表。

表 4-18　加湿机维护周期表

序号	维护对象	维护项目	维护内容	要求	维护类型	周期
1	综合检查	运行加查	机组外观及清洁	机组外观保持清洁，无灰尘及油污	日常巡视	4 小时
2			面板显示是否正常，有无告警	面板显示正常，无告警	日常巡视	4 小时
3			风机有无异响	运行平稳，无异常噪声及振动	日常巡视	4 小时
4		过滤网	检查过滤网清洁状况	定期清洗或更换滤网	例行维护	周
5	风机	风机维护	风机固定	固定可靠，无擦碰或异常振动	例行维护	周
6			风机运行电流	参照厂家指标	预防性维护	季
7	湿膜	湿膜维护	检查湿膜是否有霉斑，污垢	清洗或更换	预防性维护	季
8			检查湿膜破损及黏合固定是否可靠	修复或更换	预防性维护	年
9	循环水泵	循环水泵维护	检查泵体、接头部分无泄漏	紧固可靠无泄漏，若有则紧固接头或更换密封垫	日常巡视	4 小时
10			检查水泵工作电压、电流、频率	电压：额定电压±10%；电流：≤额定电流，三相电流不平衡≤10%（JB/T 5269-2007）	例行维护	周
11			水泵底座固定	底座固定连接可靠	例行维护	月
12			检查底座支架的锈蚀情况	锈蚀部分除锈，并重新刷一遍防锈漆	预防性维护	年
13	给排水部分	给排水部分维护	球阀及各接头密封	密封紧固良好，无渗水	例行维护	周
14			水箱	水箱密封良好，无渗漏	例行维护	周
15				定期清洗水箱底部污垢	预防性维护	月
16			淋水器	淋水器孔无堵塞，布水均匀	预防性维护	季
17				淋水器出水流量适中无飞溅，否则，调节上水阀开度	预防性维护	季
18			溢水管、排水管	排水管、溢水管连接无渗漏，管路无堵塞	例行维护	周
19			浮球阀	浮球阀连杆活动灵活，无锈蚀变形，可正常补水	预防性维护	季
20	电控部分	电控部分维护	湿度传感器	连接正常，检测准确	预防性维护	季
21			漏水、超水位、低水位告警	测试相关告警可正常输出，相应保护可正常动作	预防性维护	年
22			检查各器件及其接线	各器件正常动作，接线牢靠不松脱	预防性维护	年
23			检查各部件控制功能	手动或自动测试均可正常动作	预防性维护	年

4.7　故障分级与响应要求

通过前述日常巡视、例行维护、预防性维护、预测性维护的实施，可以最大程度地减少系统故障，提升系统可用性，但并不能完全避免故障的发生。不同故障的影响范围和程度是不一样的，即使同一故障，在不同等级的数据中心，其影响范围和程度也不尽相同。因此，需要按照机房等级进行故障分级与响应要求。

4.7.1　故障定义

数据中心制冷系统故障是指系统（设备）不能按照规定的控制逻辑正常运行，或能正常运行但技术性能不满足规定要求，或运行参数超出了规定阀值的现象。如果不处理将会导致空调与制冷系统无法提供机房运行所需要的环境（温度、湿度、洁净度）。

4.7.2　故障分级与响应

如表 4-19 所示为空调与制冷系统维护故障分级与响应表。

表 4-19　空调与制冷系统维护故障分级与响应表

故障级别	级别定义	修复时限
重大故障	故障发生后机房制冷会中断，影响机房环境指标	5 分钟内完成通报，10 分钟内完成备机倒换操作，保障机房环境温度指标合格；6 小时内完成设备的故障处理（需要更换大型备件的除外），恢复设备正常运行状态
严重故障	故障发生后设备会停机，降低系统的冗余备份能力，需要更换备件，但对机房环境指标无影响的故障	10 分钟内完成通报，现场库存有货的备件，12 小时内完成更换，消除设备故障；未配置的配件，5 个工作日内购置到货，到货后 24 小时内更换
一般故障	能够手动消除的设备告警，无须更换备件、对机房环境指标无影响	30 分钟内完成通报，技术支持人员需 24 小时内对告警进行消除，并查找设备告警原因，避免相同告警多次重复出现

常见重大故障如表 4-20 所示。

表 4-20　空调与制冷系统维护常见重大故障

1	运行设备因故障停止运行（无备用机组）
2	设备维持运行，但机房温度异常上升，达到 35℃以上或冷通道温度超过 27℃
3	设备内部出现爆炸或起火
4	设备底部有大量积水并持续增多，可危及其他设备安全运行
5	机组由于配电及供电设备设施故障无法正常供电、掉电，启动失效无法运行
6	冷水主机供水温度异常升高
7	主机系统故障或维护时备机系统不能正常启动
8	任何原因引起的着火与消防系统启动失败

常见严重故障如表 4-21 所示。

表 4-21　空调与制冷系统维护常见严重故障

1	运行设备因故障停止运行，备用机组已正常启动
2	设备维持运行但机房温度异常上升，达到 30℃以上，冷通道温度即将或已达到 27℃
3	地板或水系统管路溢水告警，设备底部出现少量积水
4	气流丢失、高低压告警、高低压锁定、短周期锁定、电源故障锁定、电源反相告警（未配置相序切换装置设备）等导致设备无法制冷运行的保护空调故障导致机房温度缓慢上升
5	水流丢失、水泵、冷却塔风机、冷水主机故障等导致设备无法制冷运行供水温度缓慢上升的故障
6	压缩机频繁启停告警（非锁定）
7	加湿故障告警、高低湿告警
8	电加热故障告警
9	机组电控部分故障

常见一般故障如表 4-22 所示。

表 4-22　空调与制冷系统维护常见一般故障

1	机组内部监控通信异常，系统运行正常
2	维护提示类告警，如过滤网需维护
3	电源质量检测（过欠压频偏）告警，不影响系统运行
4	室外机散热不良导致空调效率下降但未引起告警需维护
5	水系统管路异物进入、堵塞、生藻等需维护
6	系统机械部件异常振动、磨损、异响但不影响运行如室内外风机异常、皮带磨损、压缩机润滑油缺少等
7	其他不影响设备运行并不会扩大范围的故障

4.8　系统运行优化

数据中心制冷系统的安全与节能运行除了与前期的设计、建设相关外，也与后期的运行维护密切相关。科学的系统运行管理和良好的运维质量可以更好地挖掘制冷系统安全、节能的潜力，运维人员在日常运维工作中除了制冷设备本身的维护管理外，也应同时重点从安全和节能的角度关注整个制冷系统运行状态和运行参数。

制冷系统安全与节能运行优化包含如下两方面：

（1）日常运行管理提升，如制冷模式选择、冷通道温度管理、冷冻水温度管理、设备变频控制、多台设备群控、主备机切换测试、气流组织优化、机房温度场监测、空调排水与漏水告警测试等。

（2）利用新技术持续优化安全与节能，如制冷自控系统（BA）、EC 风机与控制、风/水冷双冷却、CFD 仿真技术等。

如表 4-23 所示为空调与制冷系统运行管理项目表。

表 4-23　空调与制冷系统运行管理项目表

序号	运行管理类别	类别相关项	各项细分	状态参数	运行管理	
					运行是否正常	有无优化空间
1	变频控制	冷却泵变频模式	冷却进出水压差			
2			冷却水压差旁通阀状态			
3		冷冻泵变频模式	冷冻进出水压差			
4			冷冻水压差旁通阀状态			
5		冷却塔风扇变频模式	冷却水出水温度			
6	运行模式	冷却塔并联最优运行模式	冷却塔进出水温			
7			冷却水旁通阀状态			
8			冷却风扇开启状态			
9			冷却风扇变频状态			
10		节约/制冷/预冷模式	冷冻水回水温度			
11			冷水机组进出水温			
12			冷却塔进出水温度			
13			自然冷板换出口温度			

续表

序号	运行管理类别	类别相关项	各项细分	状态参数	运行管理	
					运行是否正常	有无优化空间
14	运行模式	蓄冷/释冷模式（并联）	一次泵状态			
15			二次泵状态			
16			阀门状态			
17		末端空调最优运行模式	冷冻水空调回风温度			
18			冷冻水空调电动调节阀开度			
19			送风温度			
20			冷通道温度			
21			静电地板下静压			
22			EC 风机输出比例			
23			末端空调温湿度设定			
24		机组群控	各机组有无竞争运行			
25			群控功能是否正常			
26	气流组织及温度场	气流组织优化	建筑漏风口封堵			
27			风管、地板等输送系统漏风处封堵			
28			机柜空闲 U 位安装盲板			
29			疏导气流流道避免气流拥堵			
30			冷热风隔离提高冷量利用率			
31			调整地板开度匹配机柜热负荷			
32		机房或冷通道温度	各温度检测点是否正常			
33			冷通道温度是否过低或过高			
34			局部机柜进风温度是否过高			
35			是否需要增加或减少空调台数			
36	BA 系统	制冷自动化控制系统	运行模式控制			
37			运行模式切换			
38			设备故障切换应急			
39			蓄冷罐应急放冷			
40			自控系统失效应急			
41	其他	主备机切换测试	各设备主备运行状态			
42			冷冻泵、冷却泵定期主备切换			
43			冷却塔定期主备切换			
44			机房空调主备机定期切换			
45		机房漏水保护	空调系统排水口检查清理			
46			机房排水系统检查清理			
47			机房漏水告警定期测试			

4.9　常用工具仪器

常用的制冷维护维修工具仪器包括班组共用工具、个人工具及个人防护工具，如表 4-24 所示。

表 4-24　常用的制冷维护维修工具仪器类别表

序号	类别	工具名称	规格
1	班组共用工具	干湿度测量仪	相对湿度（探头）：5%～95% 温度（探头）：-25～50℃ 测温精度为±0.8℃，湿度精度±3%
2		钳形万用表	4 位半
3		红外测温仪	测温范围：-30～200℃ 测量精度：±1.0%FS 分辨率：0.1℃
4		红外成像仪	测量范围不小于-20℃～350℃ 灵敏度 0.1℃ 像素 180×180 以上
5		风速仪	量程：0～30m/s，分辨率：0.01m/s 精度：±（0.1m/s+5%测量值）
6		温湿度计	相对湿度（探头）：5～95% 温度（探头）：-25～50℃ 测温精度为±0.8℃，湿度精度±3%
7		电子双输入温度计	精度等级：高于 1.5 热响应时间：≤40s
8		相序表	
9		光电式转速计	范围：10～100000r/min 分辨率：0.1r/min
10		接地电阻测试仪	CATⅢ 分辨率：0.01Ω 精确度： 20Ω量程内　±2%rdg±0.1Ω
11		气体检漏仪	灵敏度 3～14 g/yr
12		皮带张力计	

续表

序号	类别	工具名称	规格
13	班组共用工具	噪声计	测量范围: A LO (Low) - Weighting: 35～100dB 分辨率: 0.1dB 频率范围: 31.5～8KHz 准确度: ±2dB
14		水质导电测量仪	测量范围: 2～2000us/c 精度: ±1%FS
15		R22/407c/410a 制冷压力复合表	
16		靠尺	
17		角度尺	
18		真空泵	
19		加油枪	
20		扭力扳手	
21		管钳	
22		大力钳	
23		力矩扳手	
24		清洗泵	
25		通炮刷	
26		人字梯	
27		吸尘器	
28		排风机	
29		应急排插	
30		接线板	
31		电子秤	
32		便携式氧气焊枪	
33		涨扩管器	
34		减压阀	
35		喉管	
36		氧气焊条	
37		铜焊条	
38		助焊剂	
39		救护包	
40	个人工具	活动扳手	
41		内六角扳手	

续表

序号	类别	工具名称	规格
42		专用棘轮扳手	
43		各规格十字螺丝刀	
44		各规格一字螺丝刀	
45		斜口钳	
46		套筒扳手	
47		尖咀钳	
48		平口钳	
49		套筒扳手	
50		超声波测距仪	
51		游标卡尺	
52		卷尺	
53		翅片梳	
54		电动刀	
55		剥线钳	
56		压线钳	
57		防水电筒	
58	个人防护用具	LOTO 挂牌上锁工具袋	
59		注氟连接器	
60		防冲击防护眼镜	
61		防冻手套	
62		防护手套	
63		防尘口罩	
64		耳塞	
65		安全头盔	
66		安全绳	
67		纯棉工作服	
68		绝缘防砸鞋	

第5章
制冷自控BA系统维护

系统介绍/系统安全管理/系统维护/维护周期表/系统运行管理

5.1　系统介绍

数据中心制冷自控系统（以下简称 BA 系统）可以实现对分布数据中心制冷系统（冷源、管网、冷却塔……）中各个点位进行遥测、遥信、遥控、系统自控、系统冗灾、实时监视系统及设备的运行状态，记录和处理相关数据，及时传送告警信号、信息，从而实现数据中心制冷系统安全稳定自动运行，便捷维护管理，最大限度地提高数据中心制冷系统稳定性经济性。

5.2　系统安全管理

1．安全机制

（1）应通过主机配置或网络配置实现系统的双机热备份或各服务器、监控业务台、路由之间互为备份的功能，确保 BA 系统安全运行。

（2）BA 系统应有自诊断功能，随时了解系统内各部分的运行情况，做到对故障的及时反应。

（3）BA 系统中所有 DDC 控制器的地址对应表，定期导入外存储设备。

（4）BA 系统应做到专网专用，BA 服务器、监控业务台不得接入公共网络，或与公共网络共用网络交换设备。

（5）BA 系统主机应安装防病毒软件，防病毒软件应随时更新，并定期查杀计算机病毒。

2．用户权限

（1）为保证 BA 系统的正常运行，在 BA 服务器和监控业务台，应分别对维护人员按照对 BA 系统拥有的权限分为一般用户、系统操作员和系统管理员。

（2）一般用户指完成正常例行业务的用户，能够登录系统，实现一般的查询和检索功能，定时打印所需报表，响应和处理一般告警；系统操作员除具有一般用户的权限以外，还能够通过自己的账号与口令登录系统，实现对具体设备的遥控功能；系统管理员除具有系统操作员的权利外，还具有配置系统参数、用户管理的职能。系统参数是保障系统正常运行的关键数据，必须由专人设置和管理；用户管理实现对一般用户和系统操作员的账号、密码和权限的分配与管理。

（3）所有登录密码均进行机密处理，系统管理员在必要时可以更改账号的密码。定期更换密码，建议周期为 3 个月。

（4）不同的操作人员应有不同的密码，所有系统登录和遥控操作数据必须保存在不可修改的数据库内，作为安全记录。

（5）对于设备的遥控权，下级监控单位具有获得遥控的优先权。对关键设备进行遥控时，应该确认现场无人维修或调试设备；有人员在现场操作设备时，应该通知上级监控单位在 BA 监控主机上设置禁止远端遥控的功能，在人员撤离时，通知恢复远端遥控功能。

（6）系统所有技术手册、安装手册、软件等资料作机密保管。

（7）严格执行操作规程，遵守人机命令管理规定，未经批准不做超越职责范围的操作。

5.3　系统维护

（1）BA 系统设备包括各级 BA 系统服务器、BA 监控主机和配套设备、网络传输设备、计算机监控网络、DDC 控制器及前端点位采集设备。

① BA 系统服务器、BA 监控主机和配套设备应安装在环境良好的房间，室内应有防静电措施及空调。

② BA 系统服务器、BA 监控主机和配套设备应由不间断电源供电。

③ 定期检查并确保 BA 系统服务器、BA 监控主机和配套设备、DDC 控制器及前端点位采集设备有良好的接地和必要的防雷设施。

④ 日常值班人员应对 BA 监控终端发出的各种声光告警立即做出反应。对于一般告警，可以记录下来，进一步观察；对于紧急告警，应通知维护人员处理，如涉及设备停止运行或出现严重故障，影响正常运行，应立即通知维护人员抢修，并按规定及时上报。对于部分需现场确认恢复的告警信息，应由现场专业值守人员确认恢复。

⑤ 监控中心内设备，如服务器、业务台、打印机、音箱和大型显示设备等运行是

否正常；查看系统操作记录、操作系统和数据库日志是否有违章操作和错误发生。

⑥ 确认前端点位采集设备的数据采集、处理以及上报数据是否正常。

⑦ 确认 BA 系统局域网和整个传输网络工作是否稳定和正常，冗余系统应在确保制冷系统正常运行的前提下进行切换测试。

（2）BA 系统的功能、性能指标每月抽查一次，每半年全面检测一次，抽查检测过程以不影响制冷系统的正常工作为原则。

① 每月抽查一次 BA 系统前端点位传感器。

② 重要采集点可根据各数据中心实际情况自行确定，重要采集点位的监控值应准确。

（3）数据的管理与维护。

① 每月备份上个月的历史数据，每年定期整理过期数据以便于以后分析。

② 系统配置参数必须备份，系统配置数据发生改变时，自身配置数据应重新备份，用于出现意外时恢复系统。

③ 系统操作记录数据，每季备份一次，以备查用。

④ 每月对系统运行的数据进行分析，整理出分析报告，并妥善保管。

（4）监控中心和监控站中主机的系统软件有正规授权，应用软件有自主版权，系统软件应有安装盘，在系统出现意外时能够重新安装恢复。具备完善的安装手册、用户手册与技术手册，整套软件和文档由专人保管。加强对系统专用软件的版本管理，每次软件调整均应编制相应的软件版本编号和记录。

（5）每次监控工程扩建或改造完工后，必须及时更新整理一份完整的工程文档，并且要与前期工程文档相衔接。

（6）数据库内保存的历史数据在定期导入外存储设备后，贴上标签，妥善保管。

（7）历史数据保存的期限可根据实际情况自行确定，至少为 3 年。

（8）动力 BA 系统的技术资料应收集齐全，集中妥善保管，技术资料应包括以下内容：

① 线路敷设路由总图和布线端子图。

② 机房设备平面图。

③ 变送器、传感器、点位传感器、控制器、网络传输设备等硬件安装位置图。

④ BA 系统总图。

⑤ 各种智能设备及采集设备的通信协议。

⑥ 各种设备的使用说明书。

⑦ 技术文件（操作、维护手册，测试资料等）。

⑧ 软件总体结构流程图。

⑨ 备品备件、工具仪表清单（弱电维护工具）。

（9）BA 系统常用点位如表 5-1 所示。

表 5-1　BA 系统常用点位表

点位表	
冷机	冷冻水补水泵
冷却泵	冷却水补水泵
冷冻泵	电动两通阀
冷却塔	电动三通阀
MAU 新风机组	流量计
AHU 立式空调	室外湿球检测设备
精密空调	送风通道压力
加湿器	送风通道温度
末端供回水压力	机房温度
末端供回水温度	回风通道压力
主管路供回水压力	回风通道温度
主管路供回水温度	日用油箱
蓄冷罐	室外油罐
冷冻水补水箱	漏水检测
冷却水补水池	DDC 控制箱

5.4　维护周期表

如表 5-2 所示为制冷自控 BA 系统维护周期表。

表 5-2　制冷自控 BA 系统维护周期表

序号	项　目	维护类型	周　期
1	做好 BA 系统（点位表设备）巡检记录	例行维护	月
2	抽查 BA 系统的功能、性能指标	例行维护	
3	备份上个月的历史数据	例行维护	
4	对 BA 系统历史运行数据进行分析，整理出分析报告，并妥善保管	例行维护	

续表

序号	项　　目	维护类型	周 期
5	做阶段汇总月报报表	例行维护	
6	备份系统操作记录数据	例行维护	季
7	做阶段汇总年报表	例行维护	年
8	全面抽查BA系统的功能、性能指标	预防性维护	
9	整理历史数据	例行维护	
10	检查并确保BA系统服务器、BA监控主机和配套设备、DDC控制器及前端点位采集设备有良好的接地和必要的防雷设施	预防性维护	

5.5 系统运行管理

5.5.1 控制方式管理

在BA系统中，对系统、设备和组件的控制，按智能程度分类，可分为自动控制、半自动控制、手动控制3种形式。对于运维人员来说，需要掌握上述3种控制方式在不同场景下的应用。

1. 自动控制

定义：系统、设备或组件按照内在的固化的逻辑控制程序运行，实现信息的发送、接收、控制和反馈的过程，称为自动运行；其对应的控制方式称为自动控制，多个设备的自动化运行组成了系统群控。

应用场景：系统、设备和组件处于正常无故障状态，BA自控系统能正常投入使用，逻辑正确，控制稳定。

操作要领：系统、设备和组件切换至远程自动控制位置。

2. 半自动控制

定义：在固化的逻辑控制程序中，开放部分运算结果数据接口供手动设定，以作为自控部分功能失效时的备选方案。如设备台数选择可人工输入。

应用场景：传感器失效、自控部分功能失效。

操作要领：将台数、频率等由自控系统给定的控制参数调整为临时手动给定。

3. 手动控制

定义：设备控制以人工操作为主，分为本地手动和远程手动两种。

应用场景：分为设备维护时期、特殊或应急时期、自控系统故障时期。

操作要领：远程将设备控制方式切换至手动状态；本地将设备控制方式切换至本地状态。

5.5.2 自动化运行

1. 参与条件

（1）状态正常的设备：只有状态正常的设备，才能参与系统的群控，故障设备将自动退出系统群控。

（2）远程自动的设备：参与系统群控的设备，必须是处于远程自动状态的设备，远程手动的设备不参与系统群控。

2. 冷冻水系统自动化运行

根据地区差异及系统设计，冷冻水系统主要有 3 种工作模式：制冷（冷机）模式、预冷（板换+冷机）模式、节约（板换）模式。

1）制冷模式的控制

（1）末端空调供回水压差的控制如下。

① 控制策略：在系统选型搭配上，冷冻水泵加变频，末端空调配置二通阀的组合；可实现末端空调变流量控制，起到非常好的节能作用。

如何实现变流量控制，本篇建议的控制策略如下：冷冻水泵通过调频和台数增减控制，实现末端空调供回水压差的恒定。

② 运行管理：参数设定以末端空调在额定制冷量下的最低供回水压差设定。

（2）冷机流量和温度的控制如下。

①单级冷冻水泵系统：流程如图 5-1 所示。

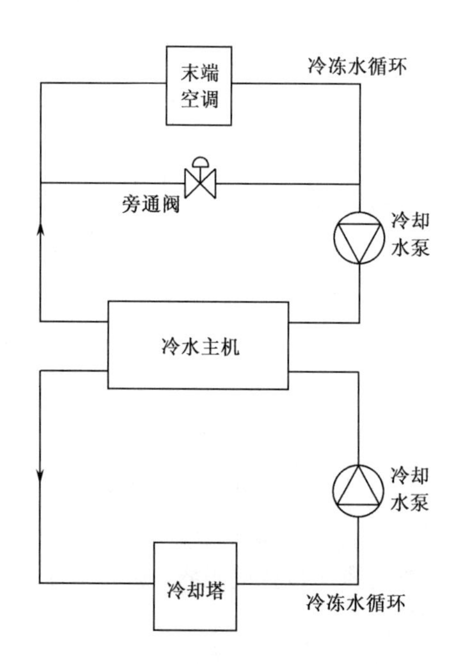

图 5-1 单级冷冻水泵系统流程

控制目标如下：

a．恒定的冷机冷冻水流量。

b．恒定的末端空调供回水压差。

c．恒定的冷机冷却水流量。

参考控制策略如下：

a．通过水泵调频和台数的控制，来实现末端供回水压差的恒定。

b．通过冷冻水旁通阀调节开度控制，来实现冷机冷冻水流量的恒定。

c．通过冷却水泵调频和台数增减控制，来实现冷机冷却水流量的恒定。

运行管理如下：

a．冷机冷冻水和冷却水的流量设定值以冷机额定工况流量设定。

b．末端空调供回水压差设定值以空调厂家额定制冷量最低供回水压差设定，一般为 1.0～2.5kg/cm^2。

②双级冷冻水泵系统流程如图 5-2 所示。

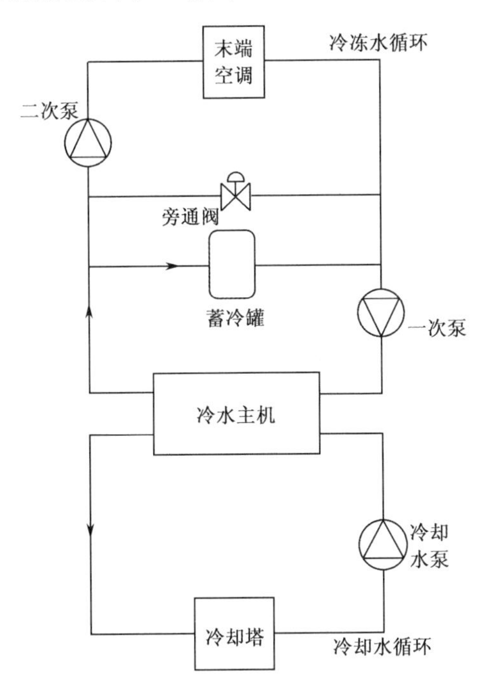

图 5-2　双级冷冻水泵系统流程

控制目标如下：

a．恒定的冷机冷冻水流量。

b．恒定的末端空调供回水压差。

c．恒定的冷机冷却水流量。

参考控制策略如下：

a．通过一级泵调频和台数增减，控制冷机冷冻水流量的恒定。

b．通过二级泵调频和台数增减，控制末端空调供回水压差的恒定。

c．通过冷却水泵调频和台数增减，控制冷机冷却水流量的恒定。

运行管理如下：

a．冷机冷冻水和冷却水的流量设定值以冷机额定工况流量设定。

b．末端空调供回水压差设定值以空调厂家额定制冷量最低供回水压差设定，一般在 1.0～2.5kg/cm^2。

③ 冷机冷却水进水温度的控制。

a. **控制策略：** 冷却侧的冷机冷却水进水温度的控制，可以通过调节冷却塔风扇的运转频率和台数，来实现冷却塔出水温度的恒定，因冷却塔出水温度与冷机冷却水进水温度接近，故可认为冷机冷却水进水温度恒定。

b. **运行管理：** 冷机冷却水进水温度设定以冷机设计工况为准，一般为 25～32℃，各地区在不同气候下都有所差异。

④ 末端供水温度的控制。

a. **控制策略：** 冷机自身可实现冷冻水供水温度的恒定，不需要自控系统做策略。

b. **运行管理：** 在不引起机房局部热点的情况下，根据数据机房实际 IT 负荷，可适当提高冷冻水供水温度。

2）自然冷模式的控制

如图 5-3 所示为自然冷模式控制流程。

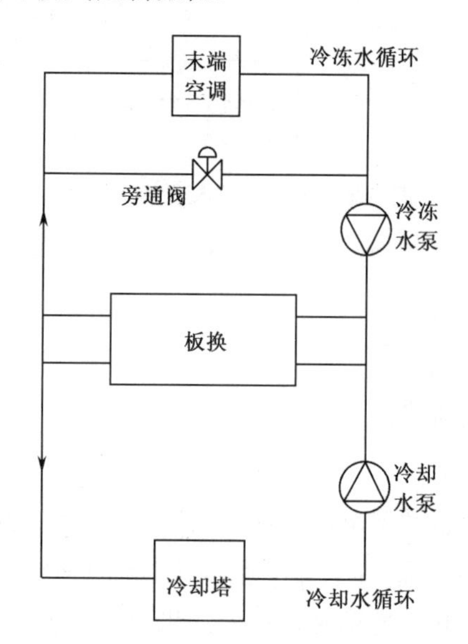

图 5-3 自然冷模式控制流程

（1）控制目标如下：

① 恒定的冷冻水末端空调供回水压差。

② 恒定冷冻水末端空调供水温度。

（2）参考控制策略如下：

① 末端供回水压差的控制：通过冷冻水泵调频及台数增减，控制末端供回水压差的恒定（与制冷模式相同）。

② 末端空调供水温度的控制：通过冷却侧设备（包括板换、冷却塔风扇、冷却水泵）的综合调控（调频和台数增减），实现冷冻侧供水温度的恒定，具体控制思路，参考如下。

a．设备频率的调节顺序：如果末端供水温度偏离设定值，呈逐渐上升趋势，优先增大冷塔的运行频率，当冷塔运行频率达到上限后，再增大冷却水泵的运行频率。

如果末端供水温度偏离设定值，呈逐渐下降趋势，优先降低冷却水泵的运行频率，当冷却水泵运行频率达到下限后，再降低冷塔的运行频率。

b．设备台数加减的调节顺序：在末端供水温度偏离设定值达到一定范围，且水泵、冷塔风扇频率均达到极限，这种状态持续一定时间，说明以现有台数运行已经不能满足制冷量需求，需要调整冷却设备（包括板换，冷塔，冷却水泵）的数量。

冷却设备的增减顺序，建议如下：先增加功率小的设备，再增加功率大的设备，功率由小到大依次为板换→冷却塔风扇→冷却水泵。

c．调整思路：以追求最佳能效比为原则，产生同等制冷量的情况下，投入的设备总功率越低越好。

③ 板换的控制：为简化控制变量，开启板换时，板换冷冻侧和冷却侧进出水电动阀始终保持 100%开启状态，即板换电动阀不做比例开关控制。

④ 冷冻侧旁通阀的控制：因板换没有水流量恒定的要求，故旁通阀在自然冷模式下始终保持关闭状态。

⑤ 冷却水温度过低保护：为防止冷却水水温过低造成冷却塔结冰，对冷塔增加保护控制措施：当冷塔冷却水出水温度低于一定温度时，减频或关停部分冷塔风扇，保持冷塔水流。当此保护启动时，报警，可无视冷冻水水温的控制。

3）运行模式的切换

受室外气温及末端 IT 负荷的变化影响，运行模式之间会进行相互切换，触发切换的条件主要有如下两个。

（1）制冷模式向自然冷模式切换。室外湿球温度下降达到切换设定温度值；自控系统尝试如下操作：先关停冷机，且加大冷却塔和冷却水泵的运行频率，在预定时间内，如果冷却塔出水温度低于冷冻水供水温度，则启动板换；板换开启后，如果供水温度能持续维持不超标，则模式切换成功，否则，需要重新修订以上各项参数。

（2）自然冷模式向制冷模式切换。当室外气温回升或末端负荷增大时，板换制冷能力下降，产冷量不足，此时，需要开启冷机，切换到制冷模式工作。其判断条件如下：板换出水温度（或末端供水温度）超过切换设定值，且冷却塔、冷却水泵频率和台数均已达到设定上限；以上状态维持足够时间，则说明自然冷模式制冷能力已到极限，需要切换至制冷模式。

5.5.3 自动化应急

在冷机系统中，自动化应急主要包括如下 3 种。

1．故障切换自动化

（1）功能介绍：在群控系统中，当某台运行中的设备（或子系统）出现故障时，自控系统检测到故障设备（或子系统）的反馈信息，自动启动备份设备（或子系统），且关停故障设备（或子系统）。

（2）运行管理如下：

① 故障切换功能应当保持“激活”或“启用”状态。

② 对冗余备份机组及其他辅件，其控制方式应切换至“远程自动”状态。

2．蓄冷罐应急放冷自动化

（1）功能介绍：蓄冷罐作为空调水系统的备份冷源，充当着临时应急角色。可通过自控系统，充分发挥蓄冷罐的应急作用。

在供水温度正常的时候，蓄冷罐充注低温冷冻水，可做隔离，保存足够冷量，当冷源系统出现故障，供水温度升高时，达到预警值，蓄冷罐打开，实现自动放冷。

（2）运行管理如下：

① 蓄冷罐应急放冷功能应当保持“激活”或“启用”状态。

② 蓄冷罐进出水电动阀及其他辅件的控制方式应切换至“远程自动”状态。

③ 蓄冷罐启动充放冷功能的设定参数要根据实际情况进行正确的设定。

3. 自控系统失效应急自动化

（1）功能介绍：数据中心对自动化的依赖程度很大，如果自控系统掉电或瘫痪，系统将面临着全面宕机的危险。当自控系统出现重大故障时，制冷系统应能自我应急，将影响降到最低。

① 保持水路开路状态：当自控系统失效时，应当让系统的管道电动阀门按照既定的路由开启。

② 冷冻水泵应急启动：当自控系统失效时，冷冻水泵应当能及时启动，保持管道内水流流动；对于安装有变频器的水泵，可通过变频器实现本地自启。

③ 蓄冷罐放冷：对于有蓄冷罐的系统，在自控系统失效时，蓄冷罐回路应当打开，让蓄冷罐放冷。

通过上述 3 项措施，可实现当自控系统完全失效时，系统管道保持一定的水流循环，为运维人员抢险争取更多的应急时间。

（2）运行管理：定期做自控系统掉电应急演习。

第6章
动力环境监控系统维护

动力环境监控介绍/基本要求/维护周期表/监控系统运行管理/常用工具仪器

6.1 动力环境监控介绍

动力环境监控系统（简称“动环监控系统”或“监控系统”）是对数据中心内的配电系统、开关电源、蓄电池组、UPS、空调、油机等设备，以及温湿度、水浸（选配烟雾、红外、门禁、视频）等环境量实现“遥测、遥信、遥控、遥调”功能的系统，从而实现机房集中化监控管理，提高用户的维护管理效率。

（1）监控系统包括服务器硬件、数据库软件、动环监控软件、视频监控软件（选配）、传输网络、采集单元、传感器变送器、智能设备监控。

（2）监控系统维护界面应包含整个系统涉及的软件、硬件和传输设备的维护，从中心软件和硬件到传输网络再到底端采集设备都在系统维护的范围之内。

（3）监控系统供电方式包括：

① 交流系统供电。监控中心设备双路供电，应由两路 UPS 提供交流输入。

② 直流电源供电。由直流开关电源供电，并应配置后备电池。

（4）监控系统主要由三部分组成：采集子系统、传输子系统、软件子系统。

① 采集子系统包括采集单元、传感器、变送器、监控对象的监控模块、摄像机等。

- 采集单元的主要作用是收敛底端数据、处理信号和告警，并集中上报监控中心。
- 传感器的主要作用是把非电量信号转换成标准电量信号，并接入采集单元，如温湿度、门磁、烟感、红外等传感器。
- 变送器的主要作用是把非标准电量信号转换成标准电量信号，并接入采集单元，如电压变送器、电流变送器。
- 监控对象的监控模块是指被监控的设备，如开关电源、空调、油机、UPS 等设备的监控模块。
- 摄像机是安防监控设备，主要作用是把图像信号上送监控中心（摄像机属于动环监控系统的选配设备）。

② 传输子系统包括传输资源和网络设备。

- 传输资源主要有 E1、光纤、IP、PSTN、DDN 几种，按类型又可细分为独立 E1、E1 链、E1 环、E1 抽时隙、PTN、局域网、因特网等。
- 网络设备包括交换机、路由器、数据上网器等设备。

③ 软件子系统包括服务器、数据库、动环监控软件、视频监控软件（选配）。

- 服务器是安装监控系统软件的计算机，包含物理存储功能，是整个监控中心软件的硬件载体。
- 数据库为各个监控软件提供接口，用于数据管理、存储和调用。
- 动环监控软件主要处理底端上报的监控数据，响应客户的使用操作，为客户提供监控管理应用。
- 视频监控软件主要处理图像数据，具备视频浏览、存储、回放等功能。

6.2　基本要求

（1）持证上岗。作业人员必须经过安全培训和技能培训，并获得相关培训证书。

（2）作业前准备。作业人员必须检查维护工具、万用表及防护用品是否完好（仪表在校验合格证有效期内，工具和防护用品无损坏）。

（3）挂牌上锁。当设备需进行重新接电或者电源采样接电时，应指派专人负责停电作业，并在停电设备的隔离开关手柄上悬挂“停电作业，请勿合闸”的警示牌后，方可进行维护作业。

（4）安全防护。对带电部分进行维护操作时，必须佩戴个人防护用品，工具仪表做好绝缘措施。

（5）设备维护。对设备进行维护时，必须按照指导手册进行操作，并做好维护记录。

（6）现场恢复。维护工作完成后，清理现场，恢复原状。设备上电前，必须核实接线无误、设备无人操作，方可上电。

（7）定期巡检。定期对设备运行环境及状态进行检查，保持环境清洁，及时消除运行隐患。定期对数据库自动备份功能进行检查，确保系统数据都按要求定期备份。

（8）账号密码管理。账号权限区分，专人专用，密码定期更改。人员变动，账号密码及时清理。

6.3 维护周期表

如表 6-1 所示为动力环境监控系统维护周期表。

表 6-1 动力环境监控系统维护周期表

序号	维护对象	维护项目	维护内容	要求	维护类型	周期
1	设备监控	采集单元	现场检查采集单元运行状态	设备指示灯状态正常，设备运行环境无灰尘、无高温	例行维护	月
			监控平台检查采集单元通信状态	通信状态正常	例行维护	月
			现场抽检 10%，断开采集器传输，模拟采集器通信中断告警	监控平台正确显示采集器中断告警	预防性维护	月
		设备监控通讯状态	在监控平台查看各个被监控设备的通信状态是否正常	被监控设备的通信状态和信号上报都应正常	例行维护	月
		配电设备监控	在监控平台查看三相电压、三相电流信号值。每年配合现场模拟一次停电告警	在监控平台查看信号及告警准确，与现场一致	预防性维护	年
		油机设备监控	在监控平台查看油机输出电压、电流信号值，配合现场模拟油机设备告警	在监控平台查看信号及告警准确，与现场一致	预防性维护	年
		电源设备监控	在现场电源监控屏查看输入/输出电压，同时在监控平台查看相应的信号值，配合现场模拟整流模块通信故障告警	在监控平台查看信号及告警准确，与现场一致	预防性维护	年
		蓄电池设备监控	在现场测量电池组总电压，并在监控平台查看电池组信号值，配合现场模拟总电压低告警	在监控平台查看信号及告警准确，与现场一致	预防性维护	年
		空调设备监控	在监控平台查看空调工作状态及信号值，配合现场模拟空调通信中断告警	在监控平台查看信号准确，与现场一致	例行维护	月
		UPS 设备监控	在现场 UPS 监控屏查看设备输入/输出及电池信号值，并配合现场模拟交流输入中断告警	在监控平台查看信号及告警准确，与现场一致	预防性维护	年

续表

序号	维护对象	维护项目	维护内容	要求	维护类型	周期
1	设备监控	机房环境	在现场测量温湿度值，并模拟水浸（选配的门磁、红外、烟感）等传感器告警，在监控平台查看对应信号及告警状态	在监控平台查看信号及告警准确，与现场一致	预防性维护	年
2	服务器与传输网络	服务器	查看计算机防毒软件运行状态及病毒库更新日期	防毒软件开启并且病毒库更新到最新状态	例行维护	月
			服务器及客户端计算机 CPU、内存和硬盘占用率检查	CPU<30%（平均值）、内存<50%、硬盘空间占用率<80%为宜	例行维护	月
			测试服务器双机热备份功能	双机系统中的一台服务器关机（或者断网、断电）情况下，主机和备机应能正常切换	预防性维护	年
		数据库	查看数据库剩余空间	数据库剩余空间应以大于 20%为宜	例行维护	月
			查看数据库管理软件运行状态	数据库管理软件运行状态应正常	例行维护	月
			查看历史数据及告警自动备份功能	数据自动备份功能应正常运行	例行维护	月
		传输网络	交换机、路由器等传输网络设备运行状态检查	设备运行状态正常	例行维护	月
			服务器与客户端网络质量测试	服务器与客户端计算机之间互 ping，2K 的 ping 包测试 5 分钟无丢包	例行维护	月
3	动环监控软件	实时监控功能	若有告警短信通知功能，每季度应模拟测试一次	紧急告警短信通知及时并且准确	预防性维护	季
			定时告警屏蔽功能，抽样测试	告警屏蔽功能正常	预防性维护	季
			告警过虑功能，抽样测试	根据过滤规则显示相应的告警	预防性维护	季
			系统分级告警	告警级别能突出重要告警	预防性维护	季
			设备告警状态总表	设备告警状态准确并且实时更新	预防性维护	季

续表

序号	维护对象	维护项目	维护内容	要求	维护类型	周期
3	动环监控软件	实时监控功能	告警跳转到信号列表功能	通过设备告警信息能直接、准确跳转到相应设备的信号列表	预防性维护	季
			实时数据浏览	实时数据显示正确、全面、实时更新	预防性维护	季
			设备运转标志	随设备运行和停止而变化	预防性维护	季
			机房分组功能	分组正确	预防性维护	年
			机房结构目录中搜索功能	搜索结果正确	预防性维护	年
			系统自诊断功能	自诊断判断准确	预防性维护	季
			权限登录管理	不同角色的用户登录，拥有相应的权限	预防性维护	季
			监控系统用户管理	增删用户，修改用户信息	预防性维护	季
			设备管理	能增删和查询设备信息，能查询和修改	预防性维护	季
		业务管理功能	系统各类历史数据报表查询、导出	报表查询正确、灵活	预防性维护	年
			系统各类历史告警报表查询、导出	报表查询正确、灵活	预防性维护	年
			系统各类操作记录报表查询、导出	报表查询正确、灵活	预防性维护	年
			各类告警统计报表的自定义、修改、查询、导出与删除	报表查询正确、灵活	预防性维护	年
			各类历史数据统计报表的自定义、修改、查询、导出与删除	报表查询正确、灵活	预防性维护	年
			业务管理台分片区功能	功能正确	预防性维护	年
			业务管理台分专业功能	功能正确	预防性维护	年
			业务管理台权限登录管理	功能正确	预防性维护	年
4	视频监控系统	摄像机	摄像机位置、朝向、命名是否正确	摄像机实际安装位置与监控平台标示的位置要一致	预防性维护	年
			监控图像情况检查	摄像机监控图像有无遮挡	预防性维护	年

续表

序号	维护对象	维护项目	维护内容	要求	维护类型	周期
4	视频监控系统	摄像机	室外摄像机防护情况检查	支架、防护罩完好，防雷接地完好	预防性维护	年
		视频监控软件	图像质量检查	无拖尾现象，无马赛克	预防性维护	季
			字幕测试是否正常	可以在画面上叠加信息字幕	预防性维护	季
			云台控制方向是否正确	在主控台控制云台的转动，与实际一致	预防性维护	季
			镜头缩放控制是否正确	在主控台控制镜头的缩放，与实际一致	预防性维护	季
			镜头聚焦是否正确	在主控台调整焦距，检查状态是否正常	预防性维护	季
			图像自动轮巡是否正常	打开自动巡视功能，检查巡视速度，不能有卡住现象	预防性维护	季
			录像机手动录像是否正常	在主控台手动操作录像，能否正常录像	预防性维护	季
			告警联动是否正常实现	制造告警测试，画面自动切换，自动录像	预防性维护	季
			告警屏蔽是否正常	能定时屏蔽	预防性维护	季
			分控台运行是否正常	在分控台操作，系统反应无误	预防性维护	季
			巡视角度是否正确	定位设置是否正确	预防性维护	季
			录像回放是否正确	在主控台操作是否成功	预防性维护	季
			录像回放时间是否同步	录像回放的时间应与实际录像的时间同步	预防性维护	季

6.4　监控系统运行管理

动环监控系统的运行管理包括数据安全、管理安全和运行安全几方面。数据安全要求监控数据有备份策略，历史数据不丢失可追查；管理安全涉及监控数据保密和设备安全，对出入监控中心的人员要有严格的管理制度；运行安全是监控系统各个功能得以实现的前提，系统运行依赖于系统的维护程度，维护程度越高系统越可靠。

1. 监控系统运维管理检查

如表 6-2 所示为动力环境监控系统的运行管理周期表。

表 6-2　动力环境监控系统的运行管理周期表

序号	检查对象	检查项目	检查内容	要求	维护类型	周期
1	监控系统运维管理	数据安全性维护检查	数据定期备份	监控数据应定期备份到外部存储介质	例行维护	年
			数据库存储周期	数据库存储周期应按要求设置好	例行维护	年
			硬盘存储周期	硬盘存储周期应按要求设置好	例行维护	年
		管理安全性检查	机房管理规定	机房应有相应的维护管理制度，且维护人员清楚并了解相应制度（应急处理及告警上报流程等）	例行维护	年
			交接班管理	有交接班记录并在数据库中查询到	例行维护	年
			值班管理	时间、事件清晰，重大事件上报，有值班管理制度并良好执行	例行维护	年
			专机专用	监控系统使用的计算机应该专用，不得多系统共用，不得用来上外网、玩游戏等	例行维护	年
			监控中心管理制度	人员出入管理、设备清洁、环境清洁	例行维护	年
			有权限及账号管理	不同的用户拥有不同的权限	例行维护	年
		运行安全性检查	定期维护	服务器及客户端计算机定期检查、维护，消除隐患	预防性维护	年
			定期测试	监控信号每年有测试验证计划	预防性维护	年
			原厂保障	厂家能够及时响应服务请求、提供技术支持和供应备件	预防性维护	年

2. 监控系统配置规范表格维护与更新

动环监控系统在使用或维护的过程中，应根据机房实际情况对设备的信号和告警配置进行调整，以使监控系统更加适应现场的使用。因此，每个监控系统都应维护一份对应的配置规范表格。在维护过程中，如果涉及配置调整的，应在配置规范表格中更新和记录下来，以方便后期维护工作。

监控系统配置规范表格样式如表 6-3 所示。

表 6-3　监控系统配置规范表

设备分类	信号名称	单位	存储周期	存储值阈	告警类型	告警等级	告警阈值

6.5　常用工具与仪器

如表 6-4 所示为动力环境监控系统维护常用工具仪器类别表。

表 6-4　动力环境监控系统维护常用工具仪器类别表

序号	类别	工具名称	规格
1	班组共用工具	温湿度计	精度 0.1 或以上
2		红外测温仪	量程-40～500℃或以上
3		钳型电流表	量程 400A；分辨率 0.1A；精度±1.5%rdg±8dgt
4		秒表	精度 0.1 或以上
5		活动扳手	200mm　8"带刻度、钛金防滑手柄
6		插排（悬挂）	插座排线长 5m
7	个人工具	带护套电烙铁	大功率 20～200W
8		锡线	0.8MM 50%　1 磅
9		钟表批	专用钟表批（6 件套）
10		接口转换器	RS232 转 RS422/485
11		十字软柄绝缘螺丝批	防滑手柄　#1×80 耐压 1000V
12		十字软柄绝缘螺丝批	防滑手柄　#2×100 耐压 1000V
13		一字软柄绝缘螺丝批	防滑手柄　0.4×2.5×75 耐压 1000V
14		一字软柄绝缘螺丝批	防滑手柄　1.0×5.5×125 耐压 1000V
15		斜口钳	绝缘斜口钳 耐压 1000V
16		电工尖咀钳	6 寸高绝缘 耐压 1000V
17		电工平口钳	6 寸高绝缘 耐压 1000V
18		压线钳	绝缘 耐压 1000V
19		美工刀	防滑

续表

序号	类别	工具名称	规格
20	个人工具	三用网线钳	RJ11.45（4P/6P/8P）
21		防水小型电筒	配电池 14LED 灯
22		拉杆工具箱	定制品（配工具插板两块）
23		USB 转 232 串口线	USB 转 232 串口线（9 针）
24		9 针串口转 25 针串口	RS232 串口（9 针）转 25 针 RS232 串口（25 针）
25		万用表	电工万用表
26	个人防护用具	防护眼镜	防冲击防护眼镜
27		绝缘手套	绝缘、防滑、带颗粒

第7章

防雷接地系统维护

防雷接地系统介绍/防雷接地设施分类/基本要求/维护参数、周期表

7.1 防雷接地系统介绍

数据中心的防雷接地包括地网、避雷针（避雷带）、动力系统防雷、监控系统防雷、机房接地汇集体和连接线。

7.2 防雷接地设施分类

对于防雷设施主要分为数据中心防雷装置的维护、数据中心直击雷的维护、设备地线的维护、动力系统防雷设备的维护、动力环境监控系统防雷设施的维护、安防系统防雷设施的维护。

7.3 基本要求

1. 数据中心防雷设施的维护

（1）数据中心的接地应采用联合接地。联合接地的基本原则是各种通信系统设备的保护地、工作地及局站防雷地联合接成一个公共地网。联合地网的结构应该以环绕主楼建筑的环形接地体作为互连总线。

（2）检查局站内各种通信系统的各类接地必须接在同一个总接地汇流排上。若原来通信系统有自己独立的地网，则应检查是否在地下与其他地网（或联合地网）做多处互连，而不是在地面上或在总地排做互连。

（3）定期检查并确保每个地网之间已经在地下互连。对于确实有规定不能直接连在一起的通信系统地网，也应检查是否利用等电位连接器将该地网与建筑基础地网连接起来。

（4）独立于主楼的变配电室，应检查在室外是否有地网，并确保与主楼地网在地面下多线互连成大联合地网。

（5）定期检查并确保地网接地电阻值符合设计要求，确保地网地线没有受外力破坏，地线引出线和连接点没有腐蚀生锈。测试接地电阻应选择没有下雨的天气进行。

（6）对于接地电阻值已超出数据中心接地规范要求的局站地网，应及时整治或者新建地网。

2. 数据中心直击雷设施的维护

（1）数据中心直击雷防护设施的维护：数据中心楼顶或塔顶应有防直击雷装置，包括避雷带或者避雷针。定期检查并确保天面上所有裸露的金属物体均与楼顶避雷带焊接在一起，避雷带下地导体无断裂或者腐蚀锈断。还应检查雷害对人身安全有影响的安全隐患。

（2）如天面或塔顶上有传统富兰克林式避雷针，则应定期检查避雷针与避雷带之间是否具有多点互连，以及有无生锈腐蚀问题。

（3）从天面或塔顶直接引下的避雷引下线应单独下联合地网。

3. 设备地线系统的维护

（1）定期检查设备各类接地是否接在机房总地排上，交流零线的接地应在靠近变压器的低压配电室；若变压器和低压配电都在远离主楼的其他楼房，应检查零线是否就近接在该建筑物外的联合地网上。

（2）检查第一级防雷器的地线是否直接接在总地排上。

（3）定期检查并确保地排上接线端子连接可靠、无松动现象，电缆头的标识清楚、准确；确保新增加设备地线的连接符合标准要求。

4. 动力系统防雷设备的维护

（1）变配电系统避雷器的维护

①一个交流供电系统中应考虑多级避雷措施。在机房专用变压器后端设第一级防雷器，耐冲过压类别不低于Ⅳ类；在发电机与市电切换柜处和机房低压开关柜内设第二级防雷器，耐冲过压类别不低于Ⅲ类；在机房 UPS 输出配电柜内、精密配电柜内、空调动力配电柜内设第三级防雷器，耐冲过压类别不低于Ⅱ类。防雷装置在接地、连接等方面满足国家标准规范要求。

检查电源变配电系统的多级防雷措施是否合理、高压引入线、高压配电柜、变压器、低压配电柜、市电油机切换屏、交流配电屏是否已安装了避雷器。检查所有避雷器连接的断路器或空气开关是否工作正常。

②雷雨季节，应在巡检时检查避雷器的失效指标是否处于正常状态，检查避雷器的断路器是否断开（尤其是空气开关容易跳开）。已失效的避雷模块及过了有效期的避雷器应及时更换。

③定期检查避雷器的各种辅助指示电路工作是否正常、连接电缆接头是否牢固、避雷模块是否有明显发热。还应定期断开电源，用仪表测试避雷器的压敏电压和漏电流指标是否符合标准要求。

（2）开关电源和 UPS 主机避雷模块的保护

①雷雨季节，应在巡检时检查模块式避雷器的失效指示是否处于正常（未失效）状态，检查避雷模块对应的空气开关是否跳开。

②定期检查避雷器并确保避雷模块没有明显发热，还应拔出避雷模块，用仪表测试其压敏电压和漏电流指标，确保指标符合标准要求。对已失效的避雷模块及过了有效期的避雷器应及时更换。

5. 动力环境监控、安防系统避雷器的维护

（1）动力环境监控防雷接地的维护

①动力环境监控系统本身设备也应采用防雷装置保护。

②定期检查动力环境监控系统信号接口的防雷保护装置运行是否良好、状态指示是否正常、接地线连接是否牢固。已失效的避雷模块及过了有效期的避雷器应及时更换。

（2）安防监控防雷接地的维护

①安防系统的接地母线应采用铜质线，接地端子应有地线符号标记。接地电阻不得大于 1Ω。

②安防系统的电源线、信号线经过不同防雷区的界面处，宜安装电涌保护器；系统的重要设备应安装电涌保护器。电涌保护器接地端和防雷接地装置应作等电位连接。等电位连接带应采用铜质线，其截面积应不小于 $16mm^2$。

③应采取相应的隔离措施，防止地电位不等引起图像干扰。

④定期检查安防系统信号接口的防雷保护装置运行是否良好、状态指示是否正常、接地线连接是否牢固。已失效的避雷模块及过了有效期的避雷器应及时更换。

7.4　维护参数、周期表

7.4.1　维护参数

如表 7-1 所示为防雷接地系统维护参数。

表 7-1　防雷接地系统维护参数

序号	项　　目	维护参数
1	SPD 电涌保护器电涌耐受能力	能够承受该处正常情况下雷电流的冲击（20 次 In），而不误动作，对于 10/350μs 波形最高不超过 25kA，对于 8/20μs 波形最高不超过 120kA
2	工频过电流保护能力	低短路保护的起始值为 5In，高短路保护为后备保护装置的分断能力
3	电压保护水平	线路泄放电涌电流时，后备保护装置上的残压尽可能低，一般不超过 1.8kV
	最大持续工作电压	385V
4	最大放电电流	80～120kA
5	标称放电电流	40kA
6	独立避雷针	电阻小于 10Ω
7	变配电母线的阀型避雷器	电阻小于 1Ω
8	数据中心的避雷针及避雷线	电阻小于 1Ω
9	保护接地	小于等于 1Ω
10	工作接地	小于 1Ω
11	防雷接地	小于等于 1Ω
12	屏蔽与防静电接地	小于等于 1Ω

7.4.2　维护周期表

如表 7-2 所示为防雷接地系统维护周期表。

表 7-2　防雷接地系统维护周期表

<table>
<tr><th>序号</th><th>项　目</th><th>维护类型</th><th>周期</th><th>备　注</th></tr>
<tr><td>1</td><td>检查电源防雷器的模块失效指示和断路开关状态</td><td>例行维护</td><td rowspan="2">月</td><td rowspan="2"></td></tr>
<tr><td>2</td><td>检查动力监控系统接口避雷器状态</td><td>例行维护</td></tr>
<tr><td>3</td><td>检查电源防雷器模块发热状态</td><td>例行维护</td><td>季</td><td rowspan="5">在强雷区、多雷区应适当增加检查次数</td></tr>
<tr><td>4</td><td>检查室内地线连接质量</td><td>预防性维护</td><td>半年</td></tr>
<tr><td>5</td><td>测量地网地阻值</td><td>预防性维护</td><td rowspan="3">年</td></tr>
<tr><td>6</td><td>检查地网引线接头质量</td><td>预防性维护</td></tr>
<tr><td>7</td><td>检查各种防雷器各种指示装置状态</td><td>预防性维护</td></tr>
</table>

第8章 进线、配线维护

进线、配线区域介绍/基本维护要求/具体专业维护/故障等级与响应要求/智能配线维护/常用工具与仪器

8.1 进线、配线区域介绍

本章主要规定数据中心从室外进线至各机柜之间的各类信号线缆，以及相应配套设备的维护规程，主要包括各类光缆、网络铜缆（双绞线、同轴电缆）、尾纤、光纤配线架、铜配线架、走线架等。

线缆进线区域是指线缆从室外引入室内后为方便施工，线缆在数据中心内汇集的地方，主要为无源设备。常见的进线区域包括进线室及沟通进线室与机房的线缆槽道或通道等。

线缆配线区域是指数据中心进线区之后，至各机柜之间的各级光缆、铜缆及各种接插件的连接。常见的线缆配线区域包括数据中心的核心设备区域的配线、各层或各个区域的局域设备区域的配线、机柜列级区域配线、设备机柜内部区域配线。

8.2 基本维护要求

进线区域的日常维护主要包括保证区域整洁，线缆设施、照明通风设备正常工作。进线区域无须每日巡检，但应着重做好每次施工过程中的随工及施工后的设施检查，检查项目包括：

（1）进线区域管道端部所有布放线缆和空闲的管孔，防火材料和防水处理应完整、有效。

（2）各类型线缆宜采用不同的进线室进入机房。若单独进线室必须通过多种线缆时，各类型线缆应路由独立，并做好绑扎、隔离和保护。

（3）进线线缆与出线线缆应位于不同层次走线托架，余缆宜多点固定架挂于走线架上。

（4）检查线缆在铁架中排列绑扎是否整齐、美观，线缆应无交叉重叠或直角转弯。

（5）随工过程中，应监督施工单位文明施工，注意其他线缆安全，严禁野蛮施工。施工结束后，现场应保持整洁无施工废料。

（6）检查进线室抽排水设施完好。

配线区域的日常维护主要包括保证区域整洁、线缆设施美观，照明通风正常。进线区域需每日巡检，应做好每次施工过程中的随工及施工后的验收检查。

（1）按规定对机房设备进行巡视，及时处理职责范围内的各种故障，如遇其他故障，应立即向上级汇报。

（2）严格执行系统停机、停业务和重启检修申报制度。

（3）必须按规定填写值班日志，要内容完整、真实准确，管理人员定期检查并签字。

（4）对于巡检考核结果，各级运行维护部门要组织分析，找出原因，及时改进。

8.3　具体专业维护

（1）对于 1 年以上未使用的管孔，应进行试通，如发现堵塞或损坏，应及时维修。

（2）如出现渗水或倒灌等情况，应及时排水。排水完成后，进线区域应重新进行防水施工，同时对铁架、槽道等铁制设施进行保养。

（3）当进线室管孔使用率超过 80%，或进线室面积过小不能满足相关规范间距、无法满足施工维护需要时，应进行改扩建或启用新的进线室。

（4）保持各类设备表面整洁干燥，保证设备绝缘要求。

（5）为保证机房线缆安全，需满足“三线分离”的原则，应采用多层走线架走线、上下线走线或下走线，不同类型线缆布放于不同槽道的方式，实现直流电源线、交流电源线和信号线三线分离。如不满足条件，需立即整改。

（6）应保证线缆设备资料的完整、准确和统一，根据业务开放的增删、修改情况，及时更新设备及端口资料。

（7）对于光纤配线架（ODF），光纤连接器应接触良好，不得随意插拔，严禁采用人为松开光纤连接器或轴向偏离等手段介入衰减。连接器经维护操作后，应经验证其衰减值正常后方可投入使用。

（8）当需要线缆变更时，应由综合布线专业人员操作，不得由其他专业人员操作。

（9）在布放各类线缆时，应注意高空作业时的安全问题，应实行双人操作制。

（10）在维护或者扩容各类线缆时，不得影响原先线缆。

（11）在布放各类线缆时，应按照相应走线架敷设，不允许在走线架外布放或跳跃走线，也不允许在非专用走线架敷设。

（12）现场维护施工时，线缆布放完成后，要将活动地板等设备恢复原状，检查牢固程度，以防塌陷。

（13）现场线缆更换时，宜整根更换。如果条件不允许，需要现场维护时，现场维护修理设备用电不得从设备机柜取电，需从专用回路取电，并做好现场防护工作。

（14）各类线缆布放完毕后，应制作并粘贴相应的标签，作好资料记录。

（15）更换后的线缆需经检测合格后，才能再次使用。

如表 8-1 所示为数据中心线缆进线区域维护周期表。

表 8-1　数据中心线缆进线区域维护周期表

<table>
<tr><th>序号</th><th>维护对象</th><th>维护项目</th><th>维护内容</th><th>要求</th><th>维护类型</th><th>周期</th></tr>
<tr><td rowspan="5">1</td><td rowspan="5">环境检查</td><td>湿度</td><td>检查</td><td>建议为 5%~90%</td><td>预防性维护</td><td rowspan="5">月或每次施工结束后</td></tr>
<tr><td>地面及墙面</td><td>检查</td><td>干净，无施工废料</td><td>预防性维护</td></tr>
<tr><td>照明及通风</td><td>检查</td><td>有直流照明和交流照明，通风正常</td><td>预防性维护</td></tr>
<tr><td rowspan="2">进线孔洞</td><td>检查</td><td>所有孔洞均应完全封堵</td><td>预防性维护</td></tr>
<tr><td>检查</td><td>无渗水或倒灌情况</td><td>预防性维护</td></tr>
<tr><td rowspan="2">2</td><td rowspan="2">铁架</td><td rowspan="2"></td><td rowspan="2">检查</td><td>连接牢固、无腐蚀、无老化松动</td><td>预防性维护</td><td rowspan="2">月或每次施工结束后</td></tr>
<tr><td>接地电阻≤1Ω，单独接地满足单个系统要求</td><td>预防性维护</td></tr>
<tr><td>3</td><td>抽水机</td><td></td><td>检查</td><td>功能正常</td><td>预防性维护</td><td>季度</td></tr>
<tr><td rowspan="2">4</td><td rowspan="2">光缆</td><td rowspan="2"></td><td rowspan="2">检查</td><td>线缆绑扎牢固，但不宜过紧，光缆弯曲半径不能小于光缆外径的 15 倍</td><td>预防性维护</td><td rowspan="2">月或每次施工结束后</td></tr>
<tr><td>线缆标志牌清楚，应注明光缆归属及起止方向</td><td>预防性维护</td></tr>
</table>

如表 8-2 所示为数据中心线缆配线区域维护周期表。

表 8-2　数据中心线缆配线区域维护周期表

序号	维护对象	维护项目	维护内容	要求	维护类型	周期
1	环境检查	湿度	检查	建议为 5%~90%	日常巡视	月或每次施工结束后
		地面及墙面	检查	干净，无施工废料	日常巡视	
		照明	检查	照度达到规范要求	日常巡视	
2	光纤配线架、铜配线架检查	牢固	检查	连接牢固、无腐蚀、无老化松动	日常巡视	月或每次施工结束后
		设备位置标签	检查	包括列架位置和设备框两部分	日常巡视	
		接地	检查	接地电阻≤1Ω，单独接地满足单个系统要求	预防性维护	
		未用端口	检查	未用的设备接口、法兰盘、模块端口应佩戴防尘塞	日常巡视	月或每次施工结束后
		光纤配线架、铜配线架整洁程度	检查	无污渍、灰尘、小段线缆等杂物	日常巡视	月或每次施工结束后
3	跳线		检查	跳线可靠、无松动现象	日常巡视	月或每次施工结束后
4	接地检查	接地	检查	各类设备、线缆金属部分与接地汇集线作可靠连接	日常巡视	月或每次施工结束后

8.4　故障等级与响应要求

如表 8-3 所示为数据中心配线区域故障类型表。

表 8-3　数据中心配线区域故障类型表

序号	故障类型	常见现象	诊断方法
1	尾纤故障	尾纤断、尾纤弯曲半径过小、法兰盘接头或尾纤接头有灰尘	目测
2	线路故障	线路中断	目测
3	配线盘故障	配线盘内耦合器链接故障	目测
4	需用仪器检测的故障	输出信号功率低	光功率计或 OTDR
5		熔接点损耗大或光纤衰耗大	光功率计或 OTDR
6		其他目测无法发现的问题	设备检测

8.5 智能配线维护

（1）设备供电宜采用专门回路。

（2）智能配线架断电期间，不宜进行链路端接、更改操作，否则，应手动记录所有操作。待恢复供电时，若智能配线架设备不能自动采集端口和链路信息，应手动根据记录修改智能配线架信息数据库。

（3）智能配线架跳线更换时，必须采用专用跳线，严禁采用普通跳线。专用跳线使用前需进行链路测试，测试通过方可使用。

（4）对于屏蔽智能配线架，需检查接地线缆、端子牢固，接触良好。

（5）采用智能配线的项目，维护需根据指示信息进行操作，不得随意进行插接工作。

（6）应定时或在设备断电前进行配线架信息数据库备份工作，备份时间不宜超过 1 个月，备份记录保存时间不应少于 1 年。

8.6 常用工具与仪器

常用工具与仪器包括网络通断仪、网络检测仪、万用表、温度检测设备、打线设备、测距仪、笔记本电脑等，如表 8-4 所示。

表 8-4 常用工具与仪器类别表

序号	工具名称
1	网络通断仪
2	网络检测仪
3	温度检测设备
4	打线设备
5	测距仪
6	笔记本电脑

第9章 安防系统维护

安防专业介绍/基本维护要求/具体专业维护/故障分级与响应要求/常用工具与仪表

9.1 安防专业介绍

数据中心对安全的要求高，因此，数据中心的安全、消防及安全防护系统设计至关重要，是一项复杂的系统工程，需要从物理环境和人为因素等方面考虑，它一般由视频安防监控系统、出入口控制系统、入侵报警系统、电子巡更系统、安全防范综合管理系统等组成。

9.2 基本维护要求

9.2.1 基本要求

安全技术防范系统维护工作必备的条件。包括：基础材料和工具。

基础材料应包括：该系统的设计方案、器材设备清单、系统原理图、平面布防图、电源配置表、线槽管道示意图、监控中心布局图、主要设备和器材的检测报告、使用说明书、系统操作手册、验收报告。

维护工具：（表 9-9 安防系统维护常用工具与仪器表）

安全技术防范系统维护的形式包含：日常维护、定期维护以及由于特殊情况而引起的临时性维护任务。

维护工作可分为：日常维护、定期维护和临时性维护。

日常维护是在系统运行过程中对设备进行清洁、主要功能确认等。

定期维护是对安全技术防范系统的各子系统进行定期的全面检查、功能和性能检查等。包括：前端设备的探测有效性检查、探测范围调整、探测灵敏度调整、紧固设备的连接等以满足原系统的设计要求；中心平台的功能和性能检查、设备参数调整等以满足原系统设计要求；系统传输设备应定期清洁。

临时性维护是由于重大节日、重要活动等需要对安全技术防范系统增加的额外的、临时性的维护任务，维护内容参照定期维护执行。

安全技术防范系统维护的要求：

采用自行定期维护的，维护人员必须由具备专业技术能力的人员承担。（安防系统

目前国家没有强制要求必须有专业公司进行维护）

承包给专业公司进行定期维护的，必须签订定期维护合同，合同应包括维护内容、维护周期、维护责任、应急响应时间等相关内容。

系统的定期维护每年应不少于两次，并完成维护工作报告，报告内容应包含项目名称、地址、维护时间、维护人员、系统情况描述、建议等。

维护前应书面征得甲方同意，维护时应具有其他的安全防护措施，如发现异常情况应及时向甲方通报。

维护工作中应有保证作业安全、人身安全的相应措施。

维护工作应每次都有文字记录，并应有相关人员签字确认后存档。存档时间应不小于系统使用期。

维护工作人员应经专门培训和考核合格后方能持证上岗，不得擅自复制和向外传播系统的各种档案资料。

维护人员在进行维护工作前应制定维护工作方案，包括系统运行检查、现场故障处置、系统更新升级、设备替换等工作规范，并配备必需的维护保养工具、防护用具、通信设备及交通工具。

9.2.2　安防运维管理制度

（1）安全技术防范系统一经投入使用，必须做好设备保养维护和职守管理工作，确保系统正常运行，不得擅自停止运行。

（2）安全技术防范系统监控室实行 7×24 小时两人值守，职守人员具备相应的专业技术能力，负责对安防系统的监测、日常维护和管理工作，以保障安防的长期、可靠、有效运行。无关人员禁止操作，发现异常情况应及时上报，不得出现无人监控的情况。

（3）在安防设备日常维护过程中，应对一些情况加以防范，尽可能使设备的运行正常，需要重点做好防潮、防潮、防腐的维护工作。

（4）当系统出现故障时，必须在规定的时间内通知技术人员尽快排除故障，确保不管安防哪个子系统的设备、部件出现问题，都能及时维修处理。

（5）当发生违规事件、非法侵入等突发事件时，应及时处理，并做好记录。对不能处理的要及时报告，听从领导的统一安排调度，随时待命。对涉及非法侵入的案件要及时拨打“110”报警。

（6）值守人员要按照要求填好值班记录。做好视频出入口信息保存和保管工作，不得外泄。因事件或案件需要确需调取时，必须经领导批准方可调取。

9.3 具体专业维护

9.3.1 视频监控系统维护

视频监控系统维护包括对监控系统前端摄像机、摄像机防护罩、支架、云台、镜头、雨刷、红外灯的维护，对传输用视频分配器光电信号转换器、云台、镜头解码器、网络交换机、传输线路的维护，以及对中心管理设备的矩阵控制主机、矩阵控制键盘、图像编解码器、监视器、硬盘录像机、存储设备的维护。

需定期检查视频监控硬盘录像机、矩阵是否能和报警主机在设防区内实现联动并生成相应记录表格。

视频监控系统维护维护工作如表 9-1 所示。

表 9-1 视频监控系统维护内容表

序号	维护对象	维护项目	维护内容	要求	维护类型	周期
1	监控系统前端	摄像机	检查	图像应清晰无干扰、监视范围实用有效	日常、定期维护	日常每天或定期每周
2		摄像机防护罩	检查	检查安装牢固、密封正常有效、罩内设备安装牢固、接线牢固可靠	日常、定期维护	
3		支架	检查	检查安装牢固、无腐蚀	定期维护	
4		云台	检查	检查云台控制应上、下、左、右控制功能有效、预置位测试有效	日常、定期维护	
5		镜头	检查	检查镜头控制聚焦、光圈有效	日常、定期维护	
6		雨刷	检查	检查功能正常	日常、定期维护	
7		红外灯	检查	检查功能有效，光控电路正常。聚光方位与摄像机方位一致	日常、定期维护	

9.3.2 出入口控制系统维护

出入口控制维护包括对前端的对讲电话分机、可视对讲摄像机、门开关、读卡器、指纹、掌纹等识别器、电控锁/闭门器的维护，对传输线路的维护，还有对中心管理楼宇对讲系统主机、门禁控制器、门禁管理控制服务器的维护。

对门禁首先需定期检查读卡是否能进机房，出门按钮是否能出机房，对于双向刷卡机房需定期检查是否能正常出机房门，如刷卡失灵是否能正常打碎玻璃破碎按钮开门。

另外，需定期检查门禁是否能和火灾报警实现联动，也即发生火灾时，应确保门禁电源全部切除，所有门都保持打开状态，确保人员安全疏散逃离。

最后需对门禁刷卡记录进行统计，定期检查出入机房的所有人员。

出入口控制系统维护内容如表 9-2 所示。

表 9-2　出入口控制系统维护周期表

序号	维护对象	维护项目	维护内容	要求	维护类型	周期
1	前端	对讲电话分机	检查	话音清晰、功能有效	日常、定期维护	日常每天或定期每周
2		可视对讲摄像机	检查	图像应清晰	日常、定期维护	
3		门开关	检查	开关状态有效	日常、定期维护	
4		读卡器	检查	读卡器应清洁、读卡数据正常	日常、定期维护	
5			检查	键盘读卡器密码测试有效	定期维护	
6		指纹、掌纹等识别器	检查	应清洁、测试功能有效	定期维护	
7		电控锁/闭门器	检查	检查确保锁具的机械性能和电气性能工作良好	定期维护	
8	传输	传输线路	检查	应有防护措施，无破损，通信正常	定期维护	定期每周
9	中心	楼宇对讲系统主机	检查	功能有效，时间误差小于 10 秒	定期维护	定期每周
10		门禁控制器	检查	应检查功能有效，是否能正常开关门锁，与服务器间的通信应正常	定期维护	定期每周
11		门禁管理控制服务器	检查	应检查功能有效，时间误差小于 10 秒	定期维护	定期每周
12			检查	应定期进行数据库备份	定期维护	定期每周

9.3.3 入侵报警系统维护

入侵报警系统维护包括对前端紧急按钮/脚挑开关、门磁开关、声音监听装置、周界探测器、声/光报警器、报警探测器的维护，还有对传输线路、防区扩展模块的维护，以及对中心管理报警控制箱、报警打印主机、报警控制器、报警管理控制服务器的维护。

入侵报警系统维护工作如表 9-3 所示。

表 9-3　入侵报警系统维护周期表

序号	维护对象	维护项目	维护内容	要求	维护类型	周期
1	前端	紧急按钮/脚挑开关	检查	确认安装牢固、不自动复位	日常、定期维护	日常每天或定期每周
2		门磁开关	检查	安装应牢固、调整间隙与角度应能正常报警	日常、定期维护	
3		声音监听装置	检查	声音应清晰、无杂音	日常、定期维护	
4		周界探测器	检查	检查功能应有效、工作正常，探测范围符合要求	定期维护	
5		声、光报警器	检查	工作应正常	定期维护	
6		报警探测器	检查	检查探测角度、探测灵敏度应正常有效，防拆功能有效	定期维护	
7	传输	传输线路	检查	线路应通信正常	定期维护	定期每周
8		防区扩展模块	检查	检查防区扩展模块应安装牢固、工作正常	定期维护	
9	中心	报警控制箱	检查	报警控制箱应清洁、牢固	定期维护	日常每天或定期每周
10		报警打印主机	检查	应与主机通信正常、打印清晰	日常、定期维护	
11		报警控制器	检查	警情报警、故障报警、防破坏、防拆等功能检查正常有效	定期维护	
12						
13				防区报警检查应正常有效	日常、定期维护	
14				时钟与标准时间误差应不大于 5 秒	日常、定期维护	
15				报警信号输出正常	定期维护	
16		报警管理控制服务器	检查	应与报警主机通信正常	定期维护	
17				报警点位图应齐全有效	定期维护	
18				检查报警接收、报警联动正常	定期维护	

9.3.4　电子巡更系统维护

电子巡更系统维护包括对前端离线式电子巡查信息按钮、离线式信息采集装置、读卡器的维护，对传输线路的维护，以对中心离线式巡查数据读取器、巡查系统服务器的维护。

电子巡更系统维护工作如表 9-4 所示。

表 9-4　电子巡更系统维护周期表

<table>
<tr><th>序号</th><th>维护对象</th><th>维护项目</th><th>维护内容</th><th>要求</th><th>维护类型</th><th>周期</th></tr>
<tr><td>1</td><td rowspan="3">前端</td><td>离线式电子巡查信息钮</td><td>检查</td><td>应安装牢固、工作正常</td><td>日常、定期维护</td><td rowspan="3">日常每天或定期每周</td></tr>
<tr><td>2</td><td>离线式信息采集装置</td><td>检查</td><td>时间误差应小于 10 秒、读取信息正常</td><td>定期维护</td></tr>
<tr><td>3</td><td>读卡器</td><td>检查</td><td>读卡器应清洁、读卡数据正常</td><td>日常、定期维护</td></tr>
<tr><td>4</td><td>传输</td><td>传输线路</td><td>检查</td><td>应牢固无破损、通信正常</td><td>定期维护</td><td>定期每周</td></tr>
<tr><td>5</td><td rowspan="3">中心</td><td>离线式巡查数据读取器</td><td>检查</td><td>应检查工作正常、读取正常有效</td><td>日常、定期维护</td><td rowspan="3">日常每天或定期每周</td></tr>
<tr><td>6</td><td rowspan="2">巡查系统服务器</td><td>检查</td><td>功能应正常</td><td>日常、定期维护</td></tr>
<tr><td>7</td><td>检查</td><td>时间误差应小于 10 秒</td><td>定期维护</td></tr>
</table>

9.4　故障分级与响应要求

9.4.1　故障定义

数据中心安防系统故障是指视频安防监控系统、出入口控制系统、入侵报警系统、电子巡更系统、安全防范综合管理系统等系统（设备）不能按照规定的控制逻辑正常运行，如果不处理将会导致安防失效，进而影响数据中心的正常运维工作。

9.4.2 安防系统故障分级与响应

安防系统维护故障分级与响应如表 9-5 所示。

表 9-5 安防系统维护故障分级与响应表

故障级别	级别定义	修复时限
重大故障	故障导致应急情况下人员伤亡或造成重大财产损失	立即启动应急预案，2 分钟内定位系统故障点，5 分钟内维护人员到达现场解除故障危害，12 小时内恢复系统正常运行
严重故障	故障发生后导致安防系统数据丢失或造成较大财产损失	5 分钟内定位系统故障点，30 分钟内消除设备故障危害；24 小时内恢复系统正常运行
一般故障	故障导致误报警、设备损坏，未导致人员伤亡且仅造成较低的财产损失	30 分钟内定位故障点并消除危害，1～2 个工作日内恢复系统正常运行

常见重大故障如表 9-6 所示。

表 9-6 安防系统维护维护常见重大故障

1	应急状态下，安防系统失效导致人员伤亡
2	防雷接地失效导致人员伤亡
3	安防设备故障导致爆炸或起火
4	门禁系统失效导致人员入侵并造成重大损失
5	电源设备故障，导致安防系统大量数据损失

常见严重故障如表 9-7 所示。

表 9-7 安防系统维护维护常见严重故障

1	入侵报警系统频繁发生误报警，并影响正常运维工作
2	视频监控系统故障导致重要监控数据丢失
3	门禁系统失效导致人员入侵

常见一般故障如表 9-8 所示。

表 9-8　安防系统维护维护常见一般故障

1	入侵报警系统由于外界干扰发生误报警
2	读卡器故障，门禁失效
3	传输线缆的特性阻抗不匹配可能导致在监视器画面上产生若干条间距相等的竖条干扰
4	通信接口或通信协议等参数未设置好，导致系统异常
5	电源问题引发的设备故障
6	监视器的图像对比度太小，图像淡
7	监控大屏图像清晰度不高、细节部分丢失

9.5　常用工具与仪器

安防系统维护常用工具与仪器如表 9-9 所示。

表 9-9　安防系统维护常用工具与仪器表

序号	名称	规格
1	工程宝	3～5 英寸屏、485 控制输出、DC12V/AC24 伏输出
2	钳形电流表	
3	斜口钳	
4	老虎钳	175mm
5	尖嘴钳	
6	电烙铁	50W 平头
7	电烙铁	尖头可调温
8	吸焊器	
9	试电笔	
10	六角扳手套件	外六角
11	活动扳手	
12	标签机	9mm、12mm 标签打印
13	楼梯	人字 2.5m 铝合金
14	工具包	
15	电源延长线	220V10A 便携式
16	电工刀	

续表

序号	名称	规格
17	刀片	
18	十字起	75×3
19	十字起	100×6
20	十字起	200×8
21	一字起	75×3
22	一字起	100×6
23	一字起	200×8
24	手电筒	
25	测线器	RJ45/RJ11
26	吸盘	
27	电源	DC12V
28	电源	AC24V
29	标签纸	9mm、12mm 标签打印各一卷
30	透明胶带	宽度 1cm
31	透明胶带	宽度 3cm
32	电工胶	PVC 胶
33	防水自粘胶	
34	焊锡丝	
35	3 孔插头	220V10A
36	BNC 接头	-5
37	BNC 接头	-7
38	BNC 三通	
39	莲花接头	
40	插线板	5 位 3 孔
41	塑料扎带	200mm
42	塑料扎带	300mm

第10章
消防系统维护管理

消防系统维护管理简介/消防系统维护基本要求/组织机构及职责/单位日常管理职责/消防维护服务单位的职责/共用建筑消防设施的统一管理/消防控制室的设置要求/消防控制室管理及值班人员职责/巡查要求/故障修复要求/维修、保养单位的职责/维修、保养的要求/专业检测单位的职责/专业检测的要求/对专业检测单位的专项检查/自动报警系统联网/火灾隐患整改/数据机房消防安全管理

10.1 消防系统维护管理简介

本章内容是针对数据中心消防管理人员的需要而编写的。其内容包括数据中心各级消防管理人员和单位职责权限；数据中心消防管理内容；数据中心消防维护、检测等相关单位应委托有资格的单位进行。数据中心消防管理应与当地政府和上级消防主管部门建立良好的互动。

10.1.1 数据中心消防系统

数据中心消防系统主要包括被动防火设施和主动灭火系统。

被动防火设施包括建筑构件、疏散楼梯、消防电梯、疏散走廊、防火门、防火窗、防火封堵、疏散指示、疏散照明、防火卷帘等。

主动灭火系统包括消火栓、自动喷水灭火系统、气体灭火系统、泡沫灭火系统、自动报警灭火系统、水喷雾灭火系统、灭火器等。

10.1.2 数据中心消防维护管理主要任务

（1）预防火灾和减少火灾危害，加强应急救援工作，保护人身、财产安全，维护企业生产运营安全。

（2）消防工作贯彻预防为主、防消结合的方针，按照政府统一领导、部门依法监管、单位全面负责、员工积极参与的原则，实行消防安全责任制，建立健全社会化的消防工作网络。

10.1.3 消防维护管理主要参考规范、规定

- 中华人民共和国消防法。
- 建筑消防设施的维护管理 GB 25201—2010。
- 机关团体、企业、事业单位消防安全管理规定中华人民共和国公安部令第 61 号。

- 通信机楼消防安全监督管理办法工信部电管〔2010〕543 号。
- 建筑设计防火规范 GB 50016—2014。
- 汽车库、修车库、停车场设计防火规范 GB 50067—2014。
- 自动喷水灭火系统设计规范 GB 50084—2001。
- 火灾自动报警系统设计规范 GB 50116—2013。
- 建筑灭火器配置设计规范 GB 50140—2005。
- 火灾自动报警系统施工及验收规范 GB 50166—2007。
- 建筑内部装修设计防火规范 GB 50222—1995。
- 自动喷水灭火系统施工及验收规范 50261—2005。
- 气体灭火系统施工及验收规范 GB 50263—2007。
- 气体灭火系统设计规范 GB 50370—2005。
- 电信专用房屋设计规范 YD/T 5003—2005。
- 邮电建筑防火设计标准 YD 5002—1994 等。
- 国家、地方政府消防主管部门、行业等发布的相关法律、法规、规章、政策、通知等文件。

10.2 消防系统维护基本要求

（1）建立相应的消防管理组织；建立健全消防管理制度。

（2）接受地方政府消防主管部门和上级单位的监督管理，严格落实有关法律、法规及相关政策。

（3）委托有资质的专业消防系统值班、巡查、维修及检测单位。对有关消防施工单位、产品供应单位、设计单位、监理单位的维保服务进行管理。确保数据中心人员安全和生产的正常运行。

（4）遵守建筑消防设施的维护管理规范的要求：

① 实行数据中心每日防火巡查制度，发现隐患及时处置、报告。重点单位的防火巡查应当至少每两小时一次；其他消防安全重点单位可以结合实际组织夜间防火巡查。

防火巡查人员应当及时纠正违章行为，妥善处置火灾危险，无法当场处置的，应当立即报告。发现初起火灾应当立即报警并及时扑救。

防火巡查应当填写巡查记录，巡查人员及其主管人员应当在巡查记录上签名。

② 数据中心应当按照有关规定定期对其自动消防设施进行全面检查测试，并出具检测报告，存档备查。

数据中心应当按照有关规定定期对灭火器进行维护保养和维修检查。对灭火器应当建立档案资料，记明配置类型、数量、设置位置、检查维修单位（人员）、更换药剂的时间等有关情况。

③ 数据中心应当建立健全消防档案。消防档案应当包括消防安全基本情况和消防安全管理情况。消防档案应当翔实、全面反映消防工作的基本情况，并附有必要的图表，根据情况变化及时更新。

单位应当对消防档案统一保管、备查。

10.3 组织机构及职责

10.3.1 组织机构定义

1. 防火委员会

数据中心应按照法律、法规、行业规范成立防火安全委员会（建议安全委员会含有安全生产、防火、社会治安综合治理的职责）。

2. 消防责任人

数据中心的主要负责人是单位的消防安全责任人，对本单位的消防安全工作全面负责。

3. 消防安全管理人

数据中心分管安全保卫工作的主要负责人副职是单位消防安全管理人，消防安全管理人对单位的消防安全责任人负责。

4. 消防主管部门

数据中心应按照法律、法规、行业规范设置消防主管部门（运维部或安全保卫部），部门内设置专职消防管理人员。

10.3.2 专业组织机构与职责

1. 防火安全委员会（安委会）

数据中心宜建立相关部门参加的防火安全委员会，负责本数据机房防火安全工作规划；批准防火安全管理制度；落实消防设施建设投资、消防设施维护和隐患整治资金；协调内部防火工作；落实防火安全措施；推进防火安全的依法管理和科学管理。

2. 消防主管部门（安全保卫部）

（1）落实消防安全责任制，制定本单位的消防安全制度、消防安全操作规程，制定灭火和应急疏散预案。

（2）按照国家标准、行业标准配置消防设施、器材，设置消防安全标志，并定期组织检验、维修和保养，确保完好有效。

（3）保障疏散通道、安全出口、消防车通道畅通，保证防火防烟分区、防火间距符合消防技术标准。

（4）组织防火检查，及时消除火灾隐患。

（5）组织进行有针对性的消防演练。

（6）法律、法规规定的其他消防安全职责。

（7）按照灭火和应急疏散预案每半年进行一次演练，并结合实际不断完善预案，安全管理人员应佩戴名签，明确分工职责。

（8）每年举行一次防火、灭火知识考核，考核优秀给予表彰。

（9）不断总结经验，提高防火灭火自救能力。

10.3.3 行政组织机构与职责

1. 主要负责人职责（消防责任人）

（1）认真贯彻执行国家、行业有关消防安全的方针、政策、法律、法规和上级有关规定，加强对消防安全工作的领导，建立、健全并贯彻落实本数据机房消防安全工作责任制。

（2）健全本数据机房消防安全监督管理体系和机构，组织各部门建立和健全各项消防安全管理制度，配备足够的合格的消防安全工作管理人员，为消防安全工作提供必要的经费和物资保障。

（3）组织有关部门经常对员工进行法制和消防安全工作的宣传教育，增强员工的法制观念和自觉维护本数据机房消防安全的意识。

（4）组织制定和落实本数据机房各项消防安全工作制度。

（5）在新建、改建和扩建项目时，责成有关职能部门将工程项目的防火设计报当地公安消防监督机关审核。

（6）督促、检查本数据机房消防安全工作，经常深入基层，及时掌握本数据机房的消防安全情况，对涉及消防安全的重大隐患和问题，督促或组织有关部门和人员及时解决。

（7）组织本数据机房消防安全教育培训工作，制定本数据机房的消防安全突发事件应急救援预案，并组织演练。及时如实报告消防安全事件。

（8）组织本数据机房消防安全经验交流、表彰奖励等活动。

2．分管安全保卫工作的消防管理人职责

（1）认真贯彻执行国家、行业有关消防安全的方针、政策、法律、法规和上级有关规定，完善本数据机房消防安全责任制，负责考核各部门履行职责情况。

（2）组织制订本数据机房消防安全工作目标和工作计划，并组织实施。

（3）审批本数据机房消防安全防范措施计划，不断提升物防、技防水平，并保证足够的资金投入。

（4）督促消防安全主管部门发挥检查、监督、管理作用，完善监督手段，经常听取消防安全主管部门的工作汇报，支持管理人员履行职责。

（5）定期或不定期召开有关会议，研究并解决相关问题，至少每季度组织召开一次消防安全会议，分析评估消防安全形势，提出需要改进的方面和措施，及时解决消防安全工作中存在的问题。对出现的突发性问题，应及时召开有关会议，研究并加以解决。

（6）组织所辖范围的消防安全工作检查，每季度深入基层，了解消防安全各项规章制度的贯彻落实情况，组织开展隐患排查整改工作。

（7）负责组织协调有关消防安全的教育培训、经验交流、表彰奖励等活动。制定、完善消防突发事件应急预案，并定期组织演练。

（8）本数据机房发生消防安全的案件事故，应及时赶赴现场组织抢救处理，尽量减

小事故损失、减轻负面影响。协调配合相关部门对事故的调查处理，根据相关部门对事故的认定结论，提出责任追究和防止事故重复发生的意见。

（9）严格执行消防安全案件事故处理的有关规定，及时上报消防安全案件事故，对案件事故报告的及时性、准确性、完整性负领导责任。

（10）审议数据机房负责人消防安全履职报告。

3. 部门负责人职责

（1）部门负责人是本部门消防安全的第一责任人，负责组织做好本部门消防安全工作，对本部门的消防安全负有全面管理和领导责任。

（2）认真学习贯彻执行国家消防法规和技术规范，不断增强自身消防意识。

（3）将消防工作纳入日常各项工作之中，做到同计划、同布置、同检查、同总结、同评比。

（4）根据本部门实际情况和特点，落实本部门消防安全责任。

（5）每月组织开展一次消防安全检查，落实火灾隐患的整改。

（6）经常组织员工开展消防安全知识的宣传教育，做好新员工上岗前的消防安全知识的培训工作。

（7）制定本部门的火灾应急预案，至少每年组织一次演练。

4. 班组负责人职责

班组长是消防安全法律法规、制度的直接执行者，应监督检查本班组员工做好消防安全工作。

（1）负责本班组的防火安全工作。

（2）根据本公司消防安全制度，结合班组工作实际，落实各项消防安全措施。

（3）组织本班组员工参加公司举行的各项消防安全活动，增强班组成员防火安全意识。

（4）定期组织开展消防安全检查，及时消除不安全因素。

（5）负责对本班组员工的消防安全教育，使员工熟练掌握报警知识和消防器材的使用方法。

（6）维护保养好本班组区域的消防设施和消防器材，确保器材完好无损。

（7）落实本班组工作区域的消防安全检查和巡查工作。落实火灾隐患的整改和上报工作。

5．员工职责

员工必须掌握所在岗位的防火安全情况、岗位防火制度，熟悉消防设施的位置和功能，会报警，会疏散，会自救，会扑灭初起火灾。

（1）贯彻执行公司的消防安全管理规定和本部门、班组的安全工作要求，不违反公司纪律，不违章操作。

（2）学习和掌握消防安全常识，积极参加公司、部门组织的各种安全活动。

（3）自觉保护消防设施和器材完好，不擅自挪用或拆除消防设施、器材，不堵塞消防通道。

（4）熟练掌握工作区域内灭火器材的使用方法，会扑灭初起之火，会组织人员疏散。

（5）生产期间，发现火警要立即报告，并积极进行扑救；交接班时，必须交接消防安全情况。

（6）不违章作业，并劝阻或制止他人违章作业，对违章指挥有权拒绝执行，同时，及时向上级领导报告。

10.4 单位日常管理职责

建筑消防设施的产权单位或者受委托管理的单位（以下统称管理者），应当履行下列日常管理职责：

（1）制定建筑消防设施维修、保养、检测等操作规程和管理规定。

（2）按照《建筑消防设施的维护管理》（GB25201—2010）要求，对建筑消防设施进行定期保养、及时维修，并做好相应的记录；维修、保养应当由具备相关专业技能的人员实施。

（3）按照《建筑消防设施检测技术规程》（GA503—2004）要求，对建筑消防设施每年至少进行一次全面检测；对于装有技术性能较高的建筑消防设施的人员密集场所、易燃易爆单位和高层、地下公共建筑等高危单位，应当委托专业消防检测单位对火灾报警系统、机械防排烟系统、自动喷水灭火系统、消火栓系统实施专业检测。

（4）配齐消防控制室值班人员，值班人员配备情况应当通过互联网消防从业人员信息管理系统报送公安机关消防机构备案；做好消防控制室运行记录。

（5）明确消防水泵房管理部门和管理人员，建立紧急情况下消防水泵房应急处置程序，做好消防水泵房运行记录。

（6）组织建筑消防设施的操作、管理人员接受消防安全培训。

（7）建立对建筑消防设施的日常巡查制度，并做好巡查记录。

（8）建立建筑消防设施档案，将建筑消防设施类型、数量、生产厂家、施工单位、设置位置及检查、维修、保养、检测等基本情况和动态管理资料、记录存档备查。

消防管理档案一式两份，一份保存在消防值班室，另一份每月集中提交档案室保存。档案室的消防检查、维修、保养、检测档案保管期限不少于 3 年，固定消防设施档案按照有关规定期限保存。

10.5　消防维护服务单位的职责

消防维护服务单位，受数据中心委托，对合同范围内的消防设施进行日常维护工作。

消防维护服务单位除履行本实施细则第三条单位日常管理职责外，还应当对管理范围内的建筑消防设施履行以下职责：

（1）遵守建筑消防设施的维护管理规范的要求，以及地方政府消防主管部门的法律、法规，履行合同规定，在服务范围内开展消防维护工作。

（2）每周至少开展一次全面巡查。

（3）每年至少实施一次检测。超出本单位资质范围的检测，应当委托专业消防检测单位对火灾报警系统、机械防排烟系统、自动喷水灭火系统、消火栓系统实施专业检测。

10.6　共用建筑消防设施的统一管理

两个或者两个以上产权人共用建筑消防设施的，建筑消防设施产权人应当共同协商、订立协议，明确各方的建筑消防设施管理责任，共同推举确定责任人或者委托一个管理单位作为统一管理者，对共用建筑消防设施进行统一管理。

各产权人应当共同约定落实共用建筑消防设施的管理、维修、保养、检测等费用；没有约定或者约定不明确的，依照有关法律规定承担。

统一管理者应当履行的职责，并将共用各方委托管理的协议报送公安机关备案：属于市消防安全重点单位的，报送市消防局备案；属于区（县）消防安全重点单位的，报送区（县）消防支队备案；属于其他单位的，报送所属公安派出所备案。产权人或者统一管理者发生变更时，应当重新备案。

实行承包、租赁或者委托经营管理的建筑物，承包人、承租人、受托人应当确保使用或者管理的建筑消防设施的完好，并接受统一管理者对共用建筑消防设施的管理工作。

10.7　消防控制室的设置要求

数据机房建筑消防设施的管理者应当按照《消防控制室通用技术要求》（GB 25506—2010）设置消防控制室，并符合以下要求：

（1）配备消防应急救援箱，箱内设置基本的消防应急救援设备，包括强光手电、通信设备（对讲机、插孔电话等）、空气呼吸器、隔热服、破拆工具，以及能在紧急情况发生时随时方便取用的其他消防装备。

（2）应当在显著位置贴挂建筑消防设施的配置清单和火灾报警系统、机械防排烟系统、自动喷水灭火系统、消火栓系统的系统说明。

（3）宜能够显示各建筑消防设施电源的工作状态，并可监控火灾自动报警系统、自动灭火系统和其他联动控制设备的工作状态。

（4）宜能够监控高位消防水箱、消防水池、气压水罐等消防储水设施水量情况，以及消防泵出水管阀门、自动喷水灭火系统管道上常开阀门的工作状态。

10.8　消防控制室管理及值班人员职责

消防控制室应当实行 24 小时值班制度，每班应不少于 2 人；值班人员应当持有消防控制室操作职业资格证书，并存放在消防控制室备查，同时履行以下职责：

（1）接受建筑的火灾自动报警系统生产厂家的专业培训，熟悉和掌握消防控制室设备的功能及操作规程。

（2）监视建筑消防设施工作状态，不得擅自关闭建筑消防设施。

（3）接到火灾报警后，应当立即以最快方式确认。火灾确认后，应当立即确认火灾报警联动控制开关处于自动状态，并拨打“119”报警，同时启动单位内部灭火和应急疏散预案，并立即报告单位负责人。

（4）接到建筑消防设施故障报警信号的，应当及时确认，并迅速通知相关技术部门排除故障；不能排除的，立即向单位消防安全管理人员报告。

（5）做好消防控制室的火警、故障和值班记录，在交接班时，对火灾自动报警系统进行自检。

10.9 巡查要求

建筑消防设施管理者应当定期开展巡查，确保本单位的建筑消防设施不被损坏、挪用、埋压、圈占、遮挡、擅自拆除和停用；电源及管道阀门、压力表等处于正常工作状态；标志、标识清晰。

对建筑消防设施的巡查应当做好记录，并按照以下要求进行：

（1）建筑消防设施的巡查应由归口管理消防设施的部门实施，按照工作的实际情况，将巡查的责任落实到相关工作岗位。

（2）从事建筑消防设施巡查的人员，应通过消防行业特有工种职业技能鉴定，持有初级技能以上等级职业资格证书。

（3）建筑消防设施巡查应明确各类建筑消防设施的巡查部位、频次和内容。巡查时应填写《建筑消防设施巡查记录表》。巡查时发现故障，应按本书 6.5 节的要求处理。

（4）建筑消防设施巡查频次应满足下列要求：数据机房等设施，应每日巡查一次；其他一般部位，至少每周一次。

（5）巡查内容包括消防供配电设施、火灾自动报警系统、电气火灾监控系统、可燃气体探测报警系统、消防供水设施、消火栓（消防炮）灭火系统、自动喷水灭火系统、泡沫灭火系统、气体灭火系统、防烟排烟系统、应急照明和疏散指示标志、应急广播系统、消防专用电话系统、防火分隔设施、消防电梯、细水雾灭火系统、干粉灭火系统、灭火器，以及其他系统。

10.10 故障修复要求

（1）值班、巡查、检测、灭火演练中发现的建筑消防设施存在问题和故障的，相关人员应填写《建筑消防故障维修记录表》，并向单位消防安全管理人员报告。

（2）单位消防安全管理人对建筑消防设施存在的问题和故障，应立即通知维修人员进行维修。维修期间，应采取确保消防安全的有效措施。故障排除后应进行相应功能试验并经单位消防安全管理人检查确认。维修情况应计入《建筑消防故障维修记录表》。

10.11 维修、保养单位的职责

建筑消防设施维修、保养实施单位及其从业人员应当认真贯彻执行有关消防法律、法规、规章和消防技术标准，恪守职业道德规范，并履行以下职责：

（1）从事建筑消防设施维修人员，应当通过消防行业特有工种职业技能鉴定，持有技师以上等级职业资格证书；从事建筑消防设施保养人员，应当持有高级技师以上等级职业资格证书。

（2）在承接维修、保养项目后，应当清点项目，建立目录，并根据承接项目列出实施计划。

（3）配备专业维修、保养设备和工具，并储备与承接维修保养的建筑消防设施各类系统相匹配的易损件。

（4）维修、保养结束后，做好消防标识，确保建筑消防设施完好有效。

（5）指导委托单位制定建筑消防设施的操作规程，保持建筑消防设施运行正常。

（6）制定建筑消防设施质量管理制度和维修手册，对维修、保养质量负责，并建立维修、保养档案。

（7）执行每日值班制度，随时受理有关建筑消防设施的故障报告并及时排除。

10.12　维修、保养的要求

建筑消防设施维修、保养实施单位应当对建筑消防设施定期进行检查，按照《建筑消防设施的维护管理》（GB25201—2010）及时维修、保养，并做好相应的记录。

维修、保养实施单位应当对建筑消防设施的系统功能每半年进行至少一次检查，发现故障及时维修，确保建筑消防设施功能正常。故障排除后，应当进行相应的功能试验并经单位消防安全管理人员检查确认。

维修、保养实施单位应当对建筑消防设施以下内容定期保养：

（1）对污染、易腐蚀生锈的消防设备、管道、阀门，进行清洁、除锈、注润滑剂。

（2）根据消防产品说明书要求，对火灾探测器定期进行清洗、标定；产品说明书无明确说明的，至少每两年进行一次清洗、标定。

（3）火灾报警系统故障点不得长期设置为隔离状态，隔离的报警点应当在消防控制室予以明确提示。

（4）按照有关气瓶安全监察规程的要求，对存储灭火剂和驱动气体的压力容器定期进行试验、标识。

（5）对需要计量检定的建筑消防设施所用称重、测压、测流量等计量仪器仪表，以及泄压阀、安全阀等组件进行校验。

（6）根据消防产品的说明书要求，对其他建筑消防设施进行维护、保养。

10.13　专业检测单位的职责

消防检测服务单位，受数据中心委托，对合同范围内的消防设施进行定期检测工作。

专业消防检测单位及其从业人员应当认真贯彻执行有关消防法律、法规、规章和消防技术标准，恪守职业道德规范，并履行以下职责：

（1）遵守建筑消防设施的维护管理规范的要求，以及地方政府消防主管部门的法律、法规，履行合同规定，在服务范围内开展消防检测工作。

（2）按照资质允许范围承接检测任务，不得转借使用其他公司资质；检测报告应当由具备专业资格的从业人员签名确认。

（3）使用通过计量认证的专业设备实施建筑消防设施检测。

（4）接受建设单位、管理者的委托后，审查相关资料，并对建筑工程进行实地勘察，参照建筑消防设施检测服务合同示范文本订立合同，并自合同生效后按照约定时间进入建筑消防设施现场开展检测。

（5）如实记录检测情况，对检测的建筑消防设施做出准确、清晰的评定；并在评定作出之后的两个工作日内，将检测报告通过建筑消防设施检测信息服务平台报送公安机关消防机构备案，同时送交委托单位。

（6）对检测中发现的问题，应当立即组织整改，或者及时告知并督促、指导委托单位整改。

（7）对检测中发现因建筑消防设施原因可能造成重大火灾隐患的，应当及时抄告管辖公安机关消防机构。

（8）对检测质量负责，并建立检测档案。

10.14 专业检测的要求

专业消防检测单位受委托对建筑消防设施开展年度检测的，应当按照《建筑消防设施检测技术规程》（GA 503—2004）的要求开展。

年度建筑消防设施检测包括以下必检内容：

（1）火灾自动报警系统：主备电源切换、火灾报警、故障报警、自检、显示与计时、报警记忆与打印等功能检测，手动、自动启停相关设备的联动控制，以及信息反馈功能检测。

（2）自动灭火系统：主备电源切换，消防水源、气体储瓶、泡沫储罐等检测，系统功能检测。

（3）室内消火栓系统：主备电源切换，消防水源（包括消防水箱）检测，系统功能检测。

（4）机械防排烟系统：控制柜检测，风机检测，送风阀、排烟阀、防火排烟阀检测。

（5）开展年度建筑消防设施检测时，可以对火灾报警探测器、喷淋喷头、室内消火栓、消防电话、消防电梯、灭火器，以及防火卷帘、应急照明等功能实行抽检，每次抽检量不得少于 30%，并确保 3 年内对所有建筑消防设施全部检测完毕。建筑自消防竣工验收合格之日起，两年内可以不进行年度建筑消防设施专业检测。年度建筑消防设施检测报告有效期为 12 个月。

10.15　对专业检测单位的专项检查

数据机房运维部应当会同相关行政管理部门，对专业消防检测单位每年至少组织一次包括以下内容的专项检查。

（1）相关制度建设和工作程序执行情况。

（2）从业人员的资质、资格和消防安全培训情况。

（3）承接项目的工作档案、检测报告及其备案情况。

（4）检测设备的配置、使用、管理和计量认证情况。

10.16　自动报警系统联网

设有火灾自动报警系统的数据机房，应当与城市火灾自动报警信息系统联网。

10.17　火灾隐患整改

（1）数据中心对存在的火灾隐患，应当及时予以消除。

（2）对下列违反消防安全规定的行为，单位应当责成有关人员当场改正并督促落实：

① 违章进入生产、存储易燃易爆危险物品场所的。

② 违章使用明火作业或者在具有火灾、爆炸危险的场所吸烟、使用明火等违反禁令的。

③ 将安全出口上锁、遮挡，或者占用、堆放物品影响疏散通道畅通的。

④ 消火栓、灭火器材被遮挡影响使用或者被挪作他用的。

⑤ 常闭式防火门处于开启状态，防火卷帘下堆放物品影响使用的。

⑥ 消防设施管理、值班人员和防火巡查人员脱岗的。

⑦ 违章关闭消防设施、切断消防电源的。

⑧ 其他可以当场改正的行为。

违反规定的情况及改正情况应当有记录并存档备查。

10.18 数据机房消防安全管理

消防安全管理应当包括以下内容：

（1）公安消防机构填发的各种法律文书。

（2）消防设施定期检查记录、自动消防设施全面检查测试的报告以及维修保养的记录。

（3）火灾隐患及其整改情况记录。

（4）防火检查、巡查记录。

（5）有关燃气、电气设备检测（包括防雷、防静电）等记录资料。

（6）消防安全培训记录。

（7）灭火和应急疏散预案的演练记录。

（8）火灾情况记录。

（9）消防奖惩情况记录。

上述第（2）、（3）、（4）、（5）项记录，应当记明检查的人员、时间、部位、内容、发现的火灾隐患以及处理措施等；第（6）项记录，应当记明培训的时间、参加人员、内容等；第（7）项记录，应当记明演练的时间、地点、内容、参加部门及人员等。

附录 A
参考标准

下列文件中的条款通过本标准的引用而成为本标准的条款。凡是注日期的引用文件，其随后所有的修改单（不包括勘误的内容）或修订版均不适用于本标准。凡是不注日期的引用文件，其最新版本适用于本标准。

TIA-942《Telecommunications Infrastructure Standard for Data Centers》

GB 50174《电子信息系统机房设计规范》

GBT 2887《计算机场地通用规范》

GB 50054《低压配电设计规范》

GB 50147-2010《电气装置安装工程高压电器施工及验收规范》

GB 50149-2010《电气装置安装工程 母线装置施工及验收规范》

GB 50255-2014《电气装置安装工程 电力变流设备施工及验收规范》

GB 7260《不间断电源设备》

GB 50052《供配电系统设计规范》

GB19638《固定型阀控密封式酸铅蓄电池》

GB 50243—2002《通风与空调工程施工质量验收规范》

GB 50274—2010《制冷设备、空气分离设备安装工程施工及验收规范》

GB 50727—2011《工业设备及管道防腐蚀工程施工质量验收规范》

GB 50057《建筑物防雷设计规范》

GB 50689《通信局站防雷与接地工程设计规范》

GB 50601—2010《建筑物防雷工程施工与质量验收规范》

GBT 2820《往复式内燃机驱动的交流发电机组》

GB 50348—2004《安全防范工程技术规范》

GB 50312—2007《综合布线系统验收规范》

GB 50016《建筑设计防火规范》
GB 50166—2007《火灾自动报警系统施工及验收规范》
GB 50263—2007《气体灭火系统施工及验收规范》
GB 50354—2005《建筑内部装修防火施工及验收规范》
GB 50526—2010《公共广播系统工程技术规范》
GB 50261—2005《自动喷水灭火系统施工及验收规范》
DL 408《电业安全工作规程》
DLT 596—2005《电力设备预防性试验规程》
YDT 1051《通信局（站）电源系统总技术要求》
YDT 2556—2013《通信用 240V 直流供电系统维护技术要求》
YDT 1970—2009《通信局（站）电源系统维护技术要求》
YDT 1095《通信用不间断电源 UPS 标准》
YDT 2555《通信用 240V 直流供电系统配电设备》
YDT 799《通信用阀控式密封铅酸蓄电池》
GB 25201—2010《建筑消防设施的维护管理》
GA 503—2004《建筑消防设施检测技术规程》
GB 25506—2010《消防控制室通用技术要求》
GB 25201—2010《建筑消防设施的维护管理》
GB 50016—2014《建筑设计防火规范》
GB 50067—2014《汽车库、修车库、停车场设计防火规范》
GB 50084—2001《自动喷水灭火系统设计规范》
GB 50116—2013《火灾自动报警系统设计规范》
GB 50140—2005《建筑灭火器配置设计规范》
GB 50166—2007《火灾自动报警系统施工及验收规范》
GB 50222—1995《建筑内部装修设计防火规范》
50261—2005《自动喷水灭火系统施工及验收规范》
GB 50263—2007《气体灭火系统施工及验收规范》
GB 50370—2005《气体灭火系统设计规范》
YD/T 5003—2005《电信专用房屋设计规范》
YD 5002—1994《邮电建筑防火设计标准》

《中国移动通信电源、空调维护管理规定》
《中国电信电源、空调维护规程》
《中国联通动力环境运行维护规程》
《国家绿色数据中心试点监测手册》
《机关团体企业事业单位消防管理规定》
《通信机楼消防安全监督管理办法》
《中华人民共和国消防法》

附录 B
建筑消防设施维护检查检测记录表

工程名称

建筑消防设施维护检查检测记录表

维护单位：

检测项目		检测内容	实测部位及记录	运行情况、故障记录及处理情况		
				正常	故障情况	处理情况
消防供电配电	消防配电	试验主、备电切换功能；消防电源主、备电源供电能力测试				
火灾报警系统	火灾探测器	试验报警功能				
	手动报警按钮	试验报警功能				
	监管装置	试验监管装置报警功能，屏蔽信息显示功能				
	警报装置	试验警报功能				

续表

<table>
<tr><th colspan="2" rowspan="2">检测项目</th><th rowspan="2">检测内容</th><th rowspan="2">实测部位及记录</th><th colspan="3">运行情况、故障记录及处理情况</th></tr>
<tr><th>正常</th><th>故障情况</th><th>处理情况</th></tr>
<tr><td rowspan="3">火灾报警系统</td><td>报警控制器</td><td>试验火警报警、故障报警、火警优先、打印机打印、自检、消音等功能，火灾显示盘和显示器的报警、显示功能</td><td></td><td></td><td></td><td></td></tr>
<tr><td>消防联动控制器</td><td>试验联动控制器及控制模块的手动、自动联动控制功能，试验控制器显示功能，试验电源部分主、备电源切换功能，备用电源充、放电功能</td><td></td><td></td><td></td><td></td></tr>
<tr><td>远程监控系统</td><td>试验信息传输装置显示、传输功能，试验监控主机信息显示、告警受理、派单、接单、远程开锁等功能，试验电源部分主、备电源切换，备用电源充、放电功能</td><td></td><td></td><td></td><td></td></tr>
<tr><td rowspan="3">消防供水设施</td><td>消防水池</td><td>核对储水量、自动进水阀进水功能，液位检测装置报警功能</td><td></td><td></td><td></td><td></td></tr>
<tr><td>消防水箱</td><td>核对储水量、自动进水阀进水功能、模拟消防水箱出水，测试消防水箱供水能力</td><td></td><td></td><td></td><td></td></tr>
<tr><td>稳增压泵及气压水罐</td><td>模拟系统渗漏，测试稳压泵、增压泵及气压水罐稳压、增压能力，自动启泵、停泵及联动启动主泵的压力工况，主、备泵切换功能</td><td></td><td></td><td></td><td></td></tr>
</table>

续表

检测项目		检测内容	实测部位及记录	运行情况、故障记录及处理情况		
				正常	故障情况	处理情况
消防供水设施	消防水泵及控制柜	试验手动自动启泵功能和主、备泵切换功能，利用测试装置测试消防泵供水时的流量和压力				
	水泵接合器	与消防部门配合测试供水能力				
	阀门	试验控制阀门启闭功能、减压装置减压功能				
消火栓灭火系统	室内消火栓	试验屋顶消火栓出水及静压，测试室内消火栓静压；.				
	室外消火栓	试验室外消火栓出水及静压				
	启泵按钮	试验远距离启泵功能及信号指示功能				
自动喷水系统	报警阀组	试验报警阀组试验排放阀排水功能，压力开关、水力警铃报警功能				
	末端试水装置	试验末端放水及压力开关动作信号末端试验装置或楼层末端试验阀功能试验				
	水流指示器	核对反馈信号				

续表

<table>
<tr><th colspan="2" rowspan="2">检测项目</th><th rowspan="2">检测内容</th><th rowspan="2">实测部位及记录</th><th colspan="3">运行情况、故障记录及处理情况</th></tr>
<tr><th>正常</th><th>故障情况</th><th>处理情况</th></tr>
<tr><td>自动喷水系统</td><td>联动控制功能</td><td>在系统末端放水或排气，进行系统联动功能试验，测试水流指示器、压力开关、水力警铃报警功能；具有火灾探测传动控制功能应模拟系统自动启动</td><td></td><td></td><td></td><td></td></tr>
<tr><td rowspan="7">气体灭火系统</td><td>瓶组与储罐</td><td>核对灭火剂储存量主、备瓶组切换试验</td><td></td><td></td><td></td><td></td></tr>
<tr><td>检漏装置</td><td>测试称重、检漏报警功能</td><td></td><td></td><td></td><td></td></tr>
<tr><td>紧急启停功能</td><td>测试紧急启动停止按钮的紧急功能</td><td></td><td></td><td></td><td></td></tr>
<tr><td>启动装置、选择阀</td><td>测试启动装置、选择阀手动启动功能</td><td></td><td></td><td></td><td></td></tr>
<tr><td>联动控制功能</td><td>以自动方式进行模拟喷气试验，检验系统报警、联动功能</td><td></td><td></td><td></td><td></td></tr>
<tr><td>通风换气设备</td><td>测试通风换气功能</td><td></td><td></td><td></td><td></td></tr>
<tr><td>备用瓶切换</td><td>测试主、备瓶组切换功能</td><td></td><td></td><td></td><td></td></tr>
<tr><td rowspan="2">机械加压送风系统</td><td>送风口</td><td>测试手动自动开启功能</td><td></td><td></td><td></td><td></td></tr>
<tr><td>送风机</td><td>测试手动自动启动、停止功能</td><td></td><td></td><td></td><td></td></tr>
</table>

续表

<table>
<tr><th colspan="2" rowspan="2">检测项目</th><th rowspan="2">检测内容</th><th rowspan="2">实测部位及记录</th><th colspan="3">运行情况、故障记录及处理情况</th></tr>
<tr><th>正常</th><th>故障情况</th><th>处理情况</th></tr>
<tr><td rowspan="4">机械加压送风系统</td><td>联动控制功能</td><td>通过报警联动，检查防火阀、送风自动开启和启动功能</td><td></td><td></td><td></td><td></td></tr>
<tr><td>排烟阀、电动排烟窗、电动挡烟垂壁、排烟防火阀</td><td>测试排烟阀、电动排烟窗手动自动开启功能，测试挡烟垂壁的释放功能，测试排烟防火阀的动作性能</td><td></td><td></td><td></td><td></td></tr>
<tr><td>排烟风机</td><td>测试手动自动启动、排烟防火阀联动停止功能</td><td></td><td></td><td></td><td></td></tr>
<tr><td>联动控制功能</td><td>通过报警联动，检查电动挡烟垂壁、电动排烟阀、电动排烟窗的功能，检查排烟风机的性能</td><td></td><td></td><td></td><td></td></tr>
<tr><td colspan="2">应急照明系统</td><td>切断正常供电，测量应急灯具照度、电源切换、充电、放电功能；测试应急电源供电时间；通过报警联动，检查应急灯具自动投入功能</td><td></td><td></td><td></td><td></td></tr>
<tr><td rowspan="2">应急广播系统</td><td>扬声器</td><td>测试音量、音质</td><td></td><td></td><td></td><td></td></tr>
<tr><td>功放、卡座、分配盘</td><td>测试卡座的播音、录音功能，测试功放的扩音功能，测试分配盘的选层广播功能，测试合用广播系统应急强制切换功能，测试主、备扩音机切换功能</td><td></td><td></td><td></td><td></td></tr>
</table>

续表

检测项目		检测内容	实测部位及记录	运行情况、故障记录及处理情况		
				正常	故障情况	处理情况
应急广播系统	联动控制功能	通过报警联动，检查合用广播系统应急强制切换功能、扬声器播音质量及音量，卡座录音功能，分配盘分区及选层广播功能				
消防专用电话		测试消防电话主机与电话分机、插孔电话之间通话质量				
防火分隔	防火门	试验非电动防火门的启闭功能及密封性能，测试电动防火门自动、现场释放功能及信号反馈功能，通过报警联动，检查电动防火门释放功能、喷水冷却装置的联动启动功能				
	防火卷帘	试验防火卷帘的手动、机械应急和自动控制功能、信号反馈功能、封闭性能，通过报警联动，检查防火卷帘门自动释放功能及喷水冷却装置的联动启动功能，测试有延时功能的防火卷帘的延时时间、声光指示				
	电动防火阀	通过报警联动，检查电动防火阀的关闭功能及密封性				

续表

<table>
<tr><th colspan="2" rowspan="2">检测项目</th><th rowspan="2">检测内容</th><th rowspan="2">实测部位及记录</th><th colspan="3">运行情况、故障记录及处理情况</th></tr>
<tr><th>正常</th><th>故障情况</th><th>处理情况</th></tr>
<tr><td colspan="2">消防电梯</td><td>测试首层按钮控制电梯回首层功能、消防电梯应急操作功能、电梯轿箱内消防电话通话质量、电梯井排水设备排水功能，通过报警联动，检查电梯自动迫降功能</td><td></td><td></td><td></td><td></td></tr>
<tr><td>其他设施</td><td></td><td></td><td></td><td></td><td></td><td></td></tr>
<tr><td colspan="3">维护单位技术员（签名）：

年　月　日</td><td colspan="4">维护单位（盖章）：

年　月　日</td></tr>
<tr><td colspan="7">被检测单位消防安全责任人或消防安全管理人（签名）：年月日</td></tr>
</table>

注：1．检测项目应满足设计资料、国家工程建设消防技术规范等的要求；

2．发现的问题或存在故障应在“故障及处理”栏中填写，并及时处置；当场不能处置的要填报消防设施故障维修时间或者编制改造方案；

3．本表格为公司统一表格，维护项目以维护合同为准。

附录 C

建筑消防设施维修保养合同

（示范文本）

建筑消防设施维修保养合同

（示范文本）

建筑名称：________________________

合同编号：________________________

签订地点：________________________

签订时间：________________________

**省公安厅消防局

**省工商行政管理局　　　　制定

建筑消防设施维修保养合同

甲方：

乙方：

甲乙双方根据《中华人民共和国合同法》《中华人民共和国消防法》和《江苏省消防条例》等规定，结合具体情况，经协商达成如下协议，共同遵守：

一、维修保养建筑名称：

二、维修保养范围：乙方负责下列第________项建筑消防设施的维修保养技术服务。

1．消防供配电设施；2．火灾自动报警系统；3．消防供水设施；4．消火栓（消防炮）灭火系统；5．自动喷水灭火系统；6．泡沫灭火系统；7．气体灭火系统；8．防排烟系统；9．火灾应急照明和疏散指示标志；10．应急广播系统；11．消防专用电话；12．防火分隔设施；13．消防电梯；14．细水雾灭火系统；15．干粉灭火系统；16．电气火灾监控系统；17．可燃气体探测报警系统；18．灭火器；19．其他建筑消防设施。

三、维修保养期限：自年月日时起至年月日时止。

四、甲方的权利、义务：

1．有权核查乙方维修保养机构资质证书和现场维修保养人员执业资格证书。

2．按规定配备值班和管理人员，落实值班和管理措施。

3．掌握建筑消防设施的使用、操作规程，发现消防设施存在问题和故障并及时通知乙方修复。

4．根据需要及时组织更换建筑消防设施配件，承担建筑消防设施换件和维修保养费用。

5．维修保养期限届满前三十日内，甲方应当明确是否继续与乙方签订维保合同。

五、乙方的权利、义务：

1．具备消防设施维修保养的相应资质、资格，依照法律法规、技术标准和执业准则，开展建筑消防设施维修保养技术服务活动，对维修保养质量负责。

2．根据维修保养对象的具体情况，拟定具体的维修保养方案，明确项目负责人，至少指定 2 名以上执业人员负责实施。执业人员维修保养时应当认真如实填写维修保养记录。

3．按照《建筑消防设施的维护管理》（GB 25201）等消防技术标准规定的内容、程序、周期等要求，对合同约定范围内的建筑消防设施开展检查、维修、保养、测试等技术服务。

4．每年对承担维修保养的建筑消防设施至少进行 1 次全面检查测试。年度检查测试报告应当按规定送达甲方。

5．在巡查、巡检中发现建筑消防设施存在问题、故障，或接到甲方通知要求维修的，能够当场修复的应当立即修复解决；没有条件立即修复解决的，应当在 24 小时内组织维修，尽快排除故障。

6．对故障零部件提供临时备件，保障消防设施能够在紧急状态下发挥作用；对故障零部件确需更换的，向甲方提出建议，并出示更换部件报废证明。

7．对甲方值班或者管理人员进行专业技术指导。

六、维保费用及支付方式、期限：

七、违约责任：

1．甲方未按规定落实值班和管理措施，导致未发现设施问题，或发现问题未及时通知乙方修复，擅自违规操作造成故障的，应当承担相应责任。

2．甲方不按时支付维保费用，乙方有权解除合同。

3．乙方不按规定和本合同约定履行职责、义务，造成甲方损失的，应当承担赔偿责任。

4．乙方在维修保养、检查测试中弄虚作假或严重不负责任的，甲方有权解除维修保养合同。

八、解决合同纠纷的方式：本合同履行过程中发生争议，双方应协商解决，协商不成时，采用下列方式中的解决。

1．由仲裁机关仲裁；2．向法院起诉。

九、双方协商的其他事项：

十、合同份数：本合同一式二份，甲、乙双方各执一份。

甲方（盖章）：
地址：
法定代表人：
委托代理人：
电话：
传真：
邮编：
开户银行：
账号：

年　月　日

乙方（盖章）：
地址：
法定代表人：
委托代理人：
电话：
传真：
邮编：
开户银行：
账号：

年　月　日

附录 D

数据中心消防应急管理（预案与演练）

一、消防应急管理概述

各单位一把手是消防应急管理工作的第一责任人，贯彻“预防为主，防消结合”消防方针和“以人为本”指导思想，按照“以单位应变为主，外援为辅”原则，根据本单位运营情况，通过客观分析火灾规律，合理配置人力资源，建立完善的灭火和应急疏散组织机构，明确应急疏散及控制、扑救初期火灾的程序和措施，进而构建单位内部的应急保障体系。形成统一指挥、功能齐全、反应灵敏、运转高效的应急管理机制，确保一旦发生突发事件，能在第一时间快速做出反应，提升自防自救的整体能。

二、建立消防报警一点调度流程

（一）消防（安防）集中监控中心

数据中心消防（安防）集中监控中心负责安全保卫技防系统7×24小时的远程集中监控，对发现的报警信息第一时间派单到对应的现场安全应急处置人员（含第一、第二、第三现场应急处置人员），并调度相关人员和资源参与警情处理，跟踪报警派单的处理情况。现场安全应急处置人员在接到报警派单后，应第一时间赶赴现场处理，并将处理情况及时反馈给消防（安防）集中监控中心。对出现的重大警情，消防（安防）集中监控中心和现场安全应急处置人员均应按应急预案要求启动应急处理机制。

（二）现场安全应急处置人员设置原则

数据中心各场所安全管理应根据要害等级和现场不同情况以整座院落、整幢大楼或单个机房为单位，以防火、防爆炸、防破坏为目的，对随时发生的安全告警和异常情况采取措施，及时妥善处理，确保安全。数据中心各场所安全处置人员设置原则如下：

（1）有人值守的数据中心机房（楼、院），24小时维护值班人员应在做好设备运行维护工作的同时，负责所在数据中心机房（楼、院）现场安全应急处置工作。

（2）无专人值守的数据中心机房（楼、院），应由综合值守人员负责所属数据中心机房（楼、院）现场安全应急处置工作。

（3）有保安（门卫）的数据中心机房（楼、院），保安（门卫）应在做好本职工作的同时，协助做好所辖范围内现场安全应急处置工作。

（4）无人值守的数据中心机房（楼、院），责任单位应指定人员负责所辖范围内数据中心机房（楼、院）现场安全应急处置工作。

（5）应落实数据中心现场安全应急处置后备人选（第二、第三责任人），以防第一责任人不在现场，延误告警处理时机。

（三）应急处置人员工作要求

监控值班人员要熟悉监控设施，当发现安防、消防告警时，能准确判断告警的性质与发生告警的部位，并能根据相关告警及其性质与级别的变化，准确判断现场实况。应急处置人员要熟悉所管各数据中心机房的危险源、机房布局、消防器材的位置等，特别要熟练掌握相关消防安全操作技能和消防知识，做到“三懂三会”。

三、消防应急预案

消防应急预案的内容应涵盖总则、组织体系、预防预警、应急响应、后期处理、保障措施、奖惩等。预案编制要以基层单位为重点，根据实际情况进行细化，落实到人，要切实可行、职责清晰、简明扼要，一看就明白做什么、怎么做、谁负责。人员工作情况变动后，要及时修订，明确职责，落实责任，避免产生疏漏。要加强对预案的动态管理，不断增强预案的针对性和实效性，确保企业内部各单位的协调配合和职责落实。要加强对应急资源和储备物资的动态管理，做到应急队伍、联动机制、善后措施到位，增强第一时间预防和处置各类突发事件的能力。

（一）组织机构及主要职责

1．组织机构

各级数据中心企业应成立消防应急指挥部，下设灭火、通信、疏散、救护、机动五个职能工作组。

2．主要职责

（1）消防应急指挥部：平时指导单位灭火和应急疏散的宣传教育、培训演练；战时指挥协调各职能小组和义务消防队开展工作，迅速果断将火灾扑灭在初期阶段；协调配合到达火场的公安消防队开展各项灭火救援行动；协调配合公安消防机关消防机构做好火灾事故调查工作和其他有关工作。

（2）灭火行动组：根据火场情况，熟练应用各类灭火器材和工具，正确实施灭火工作。

（3）通信联络组：及时实施报警和接警处置程序细则，经应急指挥部确认后拨打“119”电话报警。同时开启消防广播，告知火灾信息；进行通信联络并及时反馈信息，传达上级命令，了解火场的消息，上传下达，保证通讯畅通有序。

（4）疏散引导组：负责组织火灾区域的人员从疏散通道和安全出口迅速撤离火场。

（5）安全防护救护组：对受伤人员进行紧急救护，并对火场中出现的各种需求及时解决。

（6）机动组：根据灭火、通讯、疏散等各组工作进展情况，提供相应保障，或适时增援。

（二）灭火战斗力量形成流程（灭火救援基本处置程序）

1．灭火第一战斗力量的形成

（1）任何人发现火灾应立即报警并呼喊附近员工参与灭火救援。

（2）火灾现场或附近区域的工作人员听到呼叫后应立即赶到失火地点，自发组成灭火第一战斗力量。哪里发生火灾，就在哪里形成第一战斗力量，开展初期火灾的报警、扑救和人员疏散。具体任务要求是：第一发现火灾的员工应向单位消防控制中心和总值班室报警，及时拨打“119”报告火警，呼唤在场人员疏散；距安全通道或出口近的员工立即引导在场人员向安全地点疏散；就近利用灭火器和室内消火栓灭火。

2．灭火第二战斗力量的形成

（1）消防控制中心接到报警后，应立即按照《消防控制室管理及应急程序》处置。确认向“119报告火警”，若起火现场反馈着火部位燃烧范围较大；烟气在通道（或同层其他区域）扩散；短时间内无法扑灭；甚至灭火人员无法抵近燃烧区域采取有效扑救行动并危及人身安全，应及时启动机械排风体统，指挥现场人员疏散；指导启动现场人员或直接气体灭火灭火系统进行火灾扑救。同时迅速通知本单位专兼职消防员向起火部位集结，开展灭火救援工作。

（2）本单位专兼职消防员（消防应急指挥部的灭火、通信、疏散、救护等各个职能小组成员）接到“火警”通知后，应按照灭火和应急疏散预案要求迅速向火场集结，到场后组成灭火第二战斗力量，接应第一战斗力量进行灭火、救援。第二战斗力量应听从消防应急指挥部的统一指挥，并按预案第五、六、七部分规定程序和要求实施灭火、救援。第一战斗力量应协助第二战斗力量。

3．灭火第三战斗力量的形成

公安消防队到达现场后形成灭火第三战斗力量。第二战斗力量应协助第三战斗力量工作。

（三）报警和接警处置的基本要求

（1）任何部门的员工发现火灾，应立即向本单位消防控制中心和总值班室报警，并拨打“119”报告火警。

（2）报火警要沉着冷静，应讲清以下内容：

①失火场所的准确地理位置。

②尽可能地说明失火现场情况，如起火地点、燃烧特征、火势大小、有无人员被困、有无重要物品、失火现场周围有何重要建筑、行车路线、车和人员如何方便地进入或接近火灾现场等。

③报警人姓名、工作部门、联系电话。

④耐心回答接警人员的询问。

（3）单位消防控制中心接到报警后，应立即按照《消防控制室管理及应急程序》处置：

①接到报警（或收到自动报警信号），值守人员通过视频监控并通知巡查人员、报警区域的楼层值班、工作人员迅速赶到起火点核实，现场人员确认火灾后要及时报告消防控制中心。

②接到确切的报警电话、要立即启动固定消防系统，如自动喷淋、防排烟风机、防火卷帘等；切断非消防电源；开启事故广播系统，依照烟、火蔓延扩散威胁严重程度，区分不同区域层次顺序，逐区域通知，并沉着、镇静地指明疏散路线和方向。

③确认向“119 报告火警”，及时通知本单位消防应急指挥部领导（经指挥部确认拨打“119”电话向公安消防队报告火警）。

④履行通讯联络组职能，指派专人到单位附近的主要道口，迎接并引导消防车快捷到达火灾现场。

⑤完成消防应急指挥部交办的其他工作。

（四）应急疏散组织措施与基本要求

（1）疏散引导组应首先疏散被火势围困的人员，然后再疏散火场周围的物资。疏散出的物资要放在不影响消防通道和远离火场的安全地点。疏散引导组应注意自己的安全，提前做好必要的防护。

（2）引导人员疏散时要不断用手势和喊话的方式引导稳定被困人员的情绪，维护秩序。例如，对周围惊慌失措的人喊“请往那边走，那里安全”，并正确指示疏散方向；或大声喊“请跟我走”，采用正确方式带领受困人员到达安全地带。

（3）引导人员疏散应利用防烟楼梯、封闭楼梯和室外楼梯，也可利用未被烟火侵袭的普通楼梯，或其他能够到达安全地点的途径，将人流按照快捷合理的疏散路线引导到场外。疏散引导组人员应逐层（逐个房间）检查，以防遗漏人员。

（4）消防队到达火场后，应听从公安消防人员的指挥进行疏散工作。

（五）灭火的基本要求

（1）负责灭火的工作人员（或灭火行动组）应迅速赶往失火地点，就近利用消防水源和灭火器材迅速扑救火灾，防止火势蔓延。

（2）发现有人员被火势围困，应先救人、后灭火；发现有易燃易爆危险品受到火势威胁时，应迅速组织人员将易燃易爆危险品转到安全地点。

（3）如起火物为易燃易爆危险品，应在确定无爆炸危险的情况下，用适宜的灭火器扑救；如不能确定有无爆炸危险，应在安全地点做好准备，等待火场指挥部或消防机构指挥人员的调度。在未确认易燃易爆危险品是否能与水发生化学反应前，严禁用水扑救该类易燃易爆危险物品。

（4）灭火人员应听从消防应急指挥部的统一指挥；在公安消防队到达火场后，应积极配合其灭火。

（六）通信联络、安全防护等基本要求

1．通信联络组（由消防控制中心兼负，无控制室要专门成立）

（1）通信联络组接到火警后，立即通知单位消防应急指挥部及各行动小组到达火灾现场。

（2）根据总指挥的要求，将停电、供水、车辆调配、灭火措施等指令传达到火灾现场的各行动小组。

（3）及时反馈火场进展情况，保障火灾现场与外界的信息畅通。

2．安全防护组

（1）安全防护组接到指令后，应尽快赶赴火灾现场、进行现场保护、控制局面，

同时控制车辆和无关人员进入现场，并迅速组织有关人员清理火场周围停放的车辆远离火场。

（2）火灾扑灭后，要全面检查现场，消灭遗留火种，派人保护好火灾现场，并协助公安机关消防机构的火灾事故调查工作。

四、消防应急演练

（一）消防应急演练概述

各单位要根据应急预案的修订、组织架构的调整、应急处置结点人员的变动及防范设施的建设等实际情况的变化，适时组织预案演练。在演练中检验预案、锻炼队伍、磨合机制、教育员工。并根据演练情况和应急实践中暴露出来的问题，及时修订完善应急预案，增强应急预案的针对性、操作性和实用性。演练前要做好充分的准备工作。

（二）消防应急演练程序

当单位消防安全责任人或管理人下达"具体演练地点发生初期火灾"的紧急信息后，演练工作按照下列程序实施。

（1）公司员工及附近部门的员工按照单位灭火和应急疏散预案确定的分工要求，迅速形成第一战斗力量，开展灭火、救援行动并做到三个同时：灭火、疏散、报警。

①灭火：距起火点近的员工立即取用身边的灭火器迅速跑向假设的起火部位，摆好灭火姿势，做好灭火准备；距室内消火栓近的员工迅速接好水带、水枪，并铺开水带跑向起火部位，对准假设起火点，摆好姿势，做好灭火准备。

②疏散：距安全出口近的员工立即跑向附近的疏散出口处，做出手势，呼唤、引导现场人员通过最近的疏散通道、安全出口疏散。

③报警：距电话或火灾报警点近的员工迅速跑向附近的消防报警按钮、电话处，启动按钮或通过电话向119和消防控制室报警。设有机械排烟系统的，要立即打开排烟口。

（2）消防控制室值班人员确认火灾（假设）报警信息后，迅速启动灭火和应急疏散预案确定的各项处置程序和要求，向119报警。

（3）专兼职消防队员接警后，要迅速向失火地点集结，并按照要求灭火和应急疏散预案确定的分工要求，形成灭火战斗第二力量，开展灭火救援工作。

①灭火行动组：立即跑向假设起火部位现场增援灭火。到达现场后，就近启用室内

消火栓，接好水带、水枪和铺好水带后，对准假设起火点，摆好姿势，作好灭火准备。

②疏散引导组：按照分工分别跑向其他楼层的安全出口和疏散通道处，做出手势，呼叫、引导室内人员紧急疏散。

③通信联络组：了解火场信息，上传下达，保障通信顺畅有序。

④其他工作组：按本预案要求开展工作。

（4）通过现场演练，达到下列要求：当单位消防安全责任人或管理人下达假设部位发生初期火灾的紧急指令后，灭火第一战斗力量在30s内圆满完成灭火和应急疏散预案确定的扑救初起火灾、报警、引导人员疏散的任务。

（5）演练组织者或指定人员留守火灾（假设）现场，担任演练裁判，对有关人员、职能小组的演练动作、时间等情况进行有效性裁定和记录。演练结束后，进行讲评，研究改进措施。

（三）消防应急演练要求

（1）灭火和应急疏散预案的演练由单位消防安全责任人或管理人组织实施，全员参与。

（2）一般单位每年组织不少于1次消防演练。重点部位和人员聚集场所每半年组织不少于1次消防演练。

（3）“一楼一案”的演练，超过10层或高度超过24米的建筑楼宇均应按照本预案制定本大楼的消防安全应急疏散及灭火预案，并定期组织进行演练。

附录 E
数据中心消防安全相关流程

一、数据中心消防安全监控处警——点调度流程（仅供参考）

消防安全监控处警一点调度流程

发生报警　派单确认　处理　反馈　统计分析

安全保卫部

启动应急预案　汇总、分析

消防（安防）集中监控中心（监控人员）

发现告警　反馈、分析　反馈、分析　启动应急预案　记录、统计分析

派单　误报警　是

各责任单元安全责任人（第一、第二、第三现场应急处置人员）

现场查看　警情确认　警情　按相关告警流程处理　处理完成　否　启动应急预案

设备故障

故障处理流程

二、火灾报警、灭火处理流程

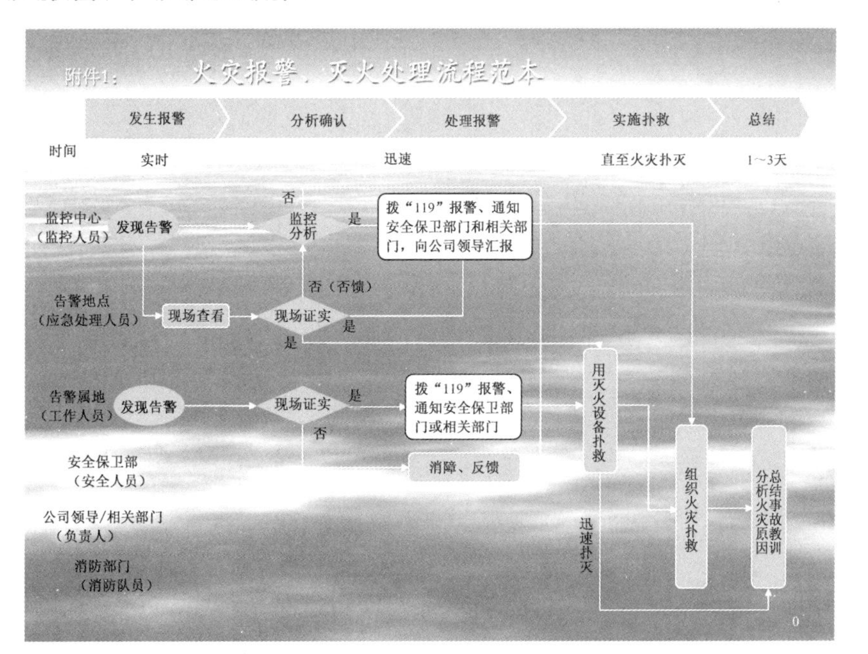

三、MDF强电入侵告警处置流程

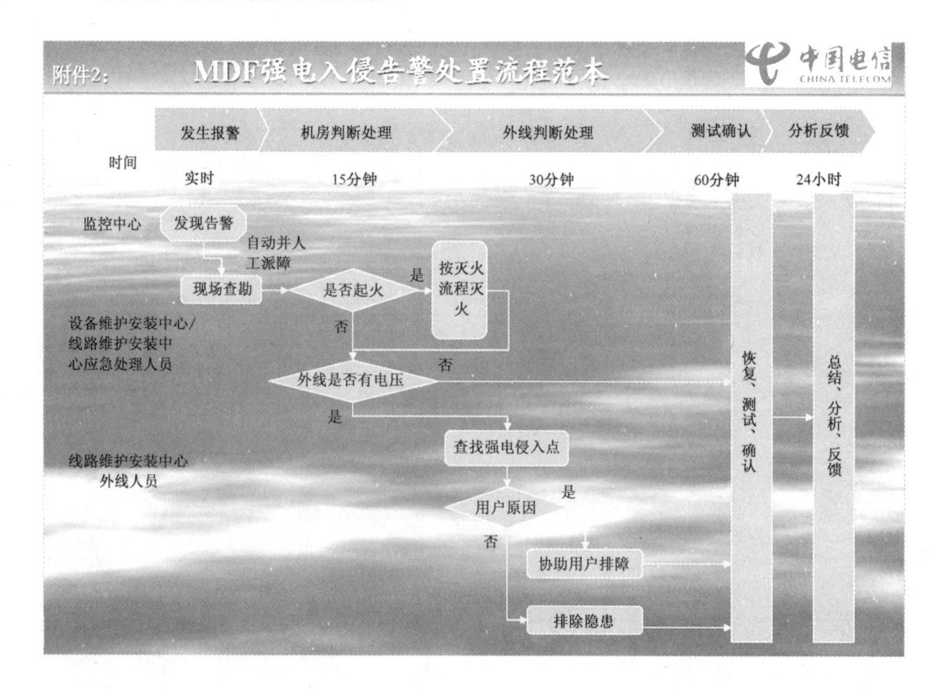

四、灭火战斗力量形成流程

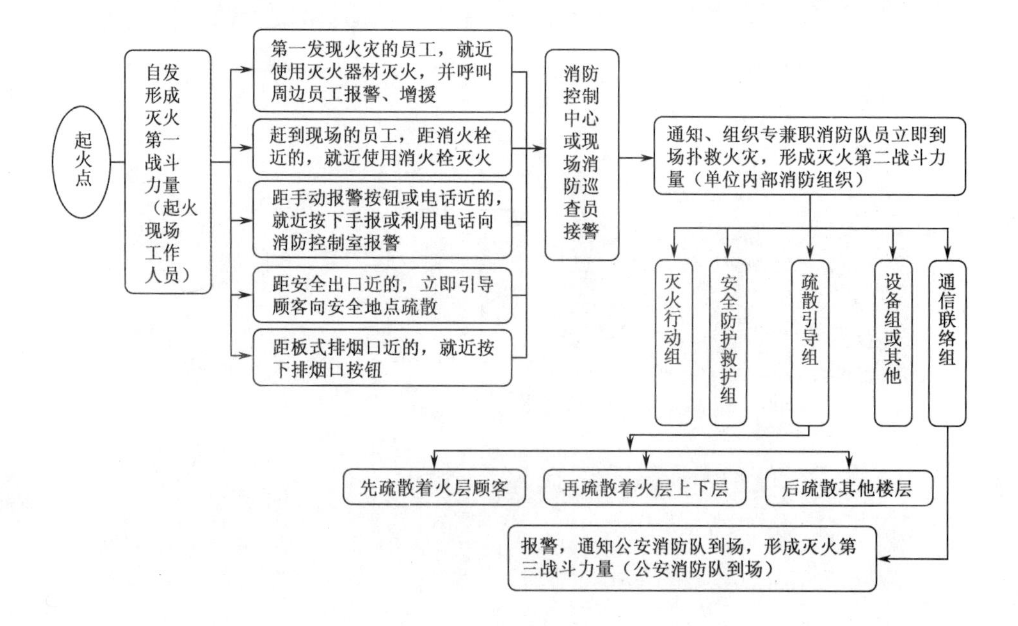